Uwe Hoffmann
Philipp Orthmann

Schnellkurs Statistik
mit Hinweisen zur SPSS-Benutzung

Sechste, überarbeitete und erweiterte Auflage

SPORTVERLAG *Strauß*

Bibliographische Informationen der Deutschen Nationalbibliothek
Die Deutsche Nationalbibliothek verzeichnet diese Publikation in der
Deutschen Nationalbibliografie; detaillierte bibliografische Daten sind im
Internet über <http://dnb.d-nb.de abrufbar.

Hoffmann, Uwe / Orthmann, Philipp
Schnellkurs Statistik: mit Hinweisen zur SPSS-Benutzung /
6., überarb. u. erw. Aufl. – Köln: Sportverlag Strauss, 2009
ISBN 978-3-86884-001-8

© SPORTVERLAG *Strauß*
Olympiaweg 1 - 50933 Köln
Tel. (02 21) 846 75 76
Fax (02 21) 846 75 77
e-Mail: info@sportverlag-strauss.de
http://www.sportverlag-strauss.de

Umschlag: Mike Hopf, Berlin
Satz: Philipp Orthmann
Herstellung: Digital Print Group, Erlangen
Printed in Germany

Vorwort

Statistische Methoden bilden eine entscheidende Grundlage empirischer Wissenschaften. Hierzu gehören auch weite Bereiche der Sportwissenschaft. Das Fach Statistik ist folglich Bestandteil des sportwissenschaftlichen Grundstudiums. Statistische Lehrbücher haben zwar häufig ein theoretisch fundiertes und umfangreiches Angebot, dieses reicht oftmals aber weit über die Bedürfnisse des Lesers hinaus. Das vorliegende Buch beschränkt sich auf die Darstellung der wichtigsten statistischen Verfahren für das sportwissenschaftliche Studium und erläutert dem Leser zugleich die dazu notwendigen Arbeitsschritte.

Vor der Vermittlung computergestützter Datenverarbeitung ist es stets wichtig, die statistischen Verfahren zunächst selbstständig auszuführen. Nur so können mögliche Fehlerquellen erkannt werden. So sind auch die Hinweise auf die jeweiligen Arbeitsschritte bei Anwendung des Software-Paketes SPSS für Windows (Version 17.0) als Ergänzung und Hilfe zu verstehen. Interpretationshilfen zu den SPSS-Ausgaben sollen die Verbindung zwischen den dargestellten Verfahren und der SPSS-Anwendung schaffen.

Im Learning Space der Sporthochschule Köln steht für die Studierenden ein Rundumangebot mit Standardprogrammen bereit. Diese beinhaltet die Verbindung verschiedener Microsoft Office-Programme. Durch Unterstützung einer Excel-Testsammlung und PowerPoint-SPSS Anleitung wird versucht, weitere Hilfen beispielsweise zur Eingabe in das Statistikprogramm SPSS zu geben.

Das Ziel, ein möglichst knappes Handbuch zu liefern, bedeutet auch, dass dieses Buch nicht als Lehrbuch der Statistik zu verstehen ist. Dem interessierten Leser, der sein Wissen weiter vertiefen möchte, sei hier die angegebene, weiterführende Literatur angeraten.

Unser Dank gilt Herrn Dr. H.-R. Zimmermann (www.mpea.de, Düsseldorf), der uns einige Hinweise zu diesem Buch lieferte.

Köln, im September 2009   Dr. Uwe Hoffmann

Diplom-Sportwissenschaftler Philipp Orthmann

Inhalt

1   Allgemeine Einführung

1.1   Aufgaben der Statistik

Der folgende kurze Überblick soll Aufgaben der Statistik skizzieren. In den nach-
folgenden Kapiteln werden zu diesen Aufgaben einfache und häufig verwendete
Arbeitstechniken dargestellt. Aufgaben der Statistik sind:

- Datenreduktion, Datenbeschreibung (z.B. Häufigkeiten, Mittelwerte,
  Streuungsmaße)

- Feststellen von Unterschieden zwischen zwei Grundgesamtheiten durch
  Stichprobenvergleich

- Feststellen und Beschreiben von Zusammenhängen zwischen Parametern

- Erstellen von Prognosen

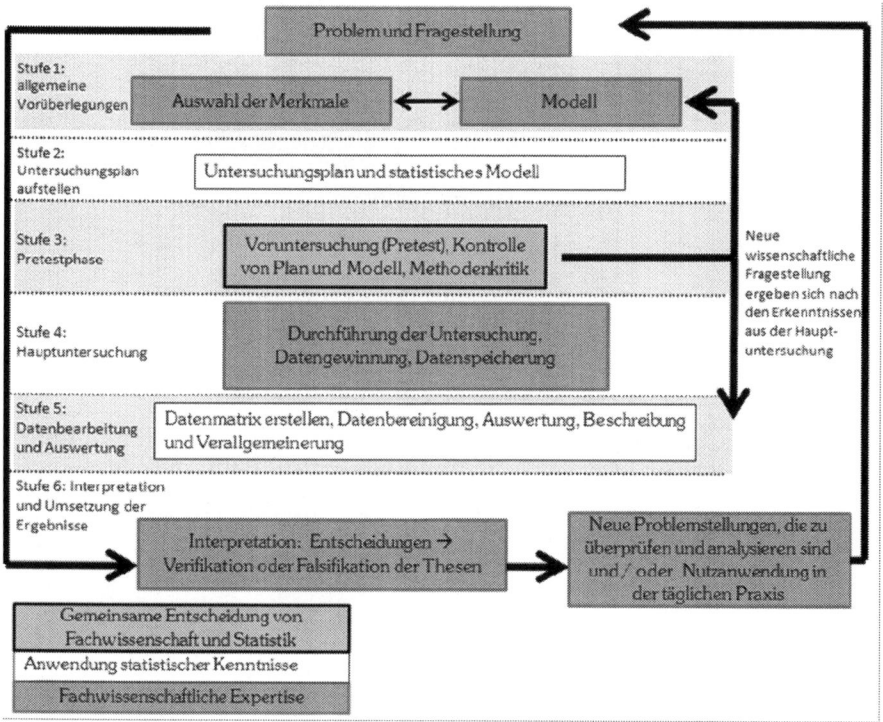

Abb. 1: Kreisschema einer statistischen Untersuchung

Die statistischen Verfahren sind als Werkzeuge zu verstehen, die in den Fachwissenschaften eingesetzt werden. Abbildung 1 (modifiziert nach Sachs 2006) zeigt die Aufgaben der Statistik bei der Bearbeitung einer wissenschaftlichen Fragestellung. Bei dem dargestellten Untersuchungsplan eines statistischen Verfahrens sind noch weitere Unterpunkte zu beachten, die in die untere systematischer Reihenfolge zu bringen sind:

- *Problem und Fragestellung entwickeln*

  Dieser Arbeitsschritt ist einzig mit den fachwissenschaftlichen Kenntnissen zu füllen und erfordert einen Überblick über vorliegende Arbeiten zu dem Thema. Am Ende stehen Hypothesen, die untersucht werden sollen.

- *Auswahl der Methode und der Merkmale – Parameter, Modellbildung*

  Auch dieser Arbeitsschritt wird durch fachwissenschaftliche Fakten bestimmt. Allerdings fallen hier schon durch die Wahl der Merkmale Vorentscheidungen für die anzuwendenden statistischen Verfahren.

- *Untersuchungsplan und statistisches Modell erstellen*

  Mit der Wahl des Untersuchungsplans werden die einsetzbaren Verfahren festgelegt und dann endgültig für die anzuwendenden statistischen Verfahren ausgewählt. Dies erfordert auch die Übersetzung der wissenschaftlichen Hypothesen in die statistische Null- und Alternativhypothese. Damit wird auch die Aussagekraft der Untersuchungsergebnisse maßgeblich bestimmt. Häufig fokussiert sich die Frage auf die Anzahl der untersuchten Faktoren und die Möglichkeit der Messwiederholung.

- *Voruntersuchung zur Kontrolle der Überlegungen durchführen*

  Dieser Arbeitsschritt soll zeigen, ob die Untersuchung in geplanter Form umsetzbar ist. Hierbei sind einige Schritte durchzuführen, die auch nach der Hauptuntersuchung erneut Anwendung finden müssen.

  o   Datenaufbereitung mit Eingabe in eine Datenmatrix, Datenbereinigung

  o   Auswertung und Interpretation der Voruntersuchung

  o   Fallzahlberechnungen, Voraussetzungen für die Hauptuntersuchung feststellen und überprüfen

- *Durchführung der Hauptuntersuchung, Datengewinnung und -speicherung*

  Unter Berücksichtigung der gewonnenen Erkenntnisse aus der Voruntersuchung werden von fachwissenschaftlichen Kräften die Daten erhoben, in entsprechenden Dateien eingegeben und gespeichert.

- *Datenbereinigung, Dateneingabe in Datenmatrix, Auswertung, Beschreibung und Verallgemeinerung*

   Mit fachwissenschaftlicher Expertise werden die eigenen Ergebnisse im Zusammenhang mit den bekannten Fakten diskutiert und Schlussfolgerungen gezogen. Diese können der Ausgangspunkt weiterer Untersuchungen sein oder in konkrete Anwendungen umgesetzt werden.

Bei weiteren Punkten wie Fragebogenerstellung oder Hinweisen zur Datenmatrix sind diverse Faktoren zu berücksichtigen, die hier nicht weiter erläutert werden - es sei auf die weiterführende Literatur zur Methodenlehre verwiesen. Im Folgenden wird auf die wichtigsten einfachen Verfahren eingegangen. Aufwendigere Untersuchungsverfahren, z.B. die Varianzanalyse, Clusteranalysen oder auch multiple Regressionen werden hier nicht oder nur in Ansätzen erklärt.

1.2   Mathematische Grundbegriffe und Schreibweisen

Die folgenden mathematischen Grundbegriffe und Schreibweisen werden besonders häufig verwendet. Dem ungeübten Leser könnten im Folgenden diese Schreibweisen immer wieder Schwierigkeiten bereiten. Daher sollte man sich mit der Verarbeitung und Interpretation der folgenden Formeln vertraut machen.

- Relation: $=, \neq, <, >, \leq, \geq$
- Funktion: $y = f(x)$
- Summe: $\displaystyle\sum_{i=1}^{n} x_i = x_1 + x_2 + x_3 + \ldots + x_n$
- Betrag: $|-8| = 8$
- Geradengleichung (lineare Funktion): $y = ax + b$
  (a = Steigung bzw. slope, b = y-Achsenabschnitt bzw. intercept))

BEISPIELE:

- $y = ax + b$ ist eine (lineare) Funktion. Mit $a = 4$ und $b = 3$ ergibt sich: $y = 4x + 3$; für $x = 2$ gilt $y = 11$

- Gegeben seien $x_1 = 15,6$, $x_2 = 16,1$, $x_3 = 15,7$, $x_4 = 10,0$

  Für die Summe folgt dann $\displaystyle\sum_{i=1}^{4} x_i = x_1 + x_2 + x_3 + x_4 = 57,4$

- Gegeben seien folgende Variablen

$x_{1,1}=12,8$	$x_{2,1}=15,6$	$n_1=5$
$x_{1,2}=13,5$	$x_{2,2}=16,1$	$n_2=4$
$x_{1,3}=13,3$	$x_{2,3}=15,7$	$m=2$
$x_{1,4}=13,1$	$x_{2,4}=16,6$	
$x_{1,5}=14,0$		

Für $S = \displaystyle\sum_{i=1}^{m}\sum_{j=1}^{n_i} x_{i,j}$ gilt dann

$i=1$: $\displaystyle\sum_{j=1}^{5} x_{1,j} = 66,7$; $i=2$: $\displaystyle\sum_{j=1}^{4} x_{2,j} = 64,0$; $S = \displaystyle\sum_{i=1}^{2}\sum_{j=1}^{n_i} x_{i,j} = 130,7$

1.3   Merkmale / Merkmal-Typen

Definition:

Merkmale (bzw. Zufallsvariablen/-größen) sind Daten, die einem Merkmalsträger zu einem definierten Zeitpunkt bzw. in einer definierten Situation zugeordnet sind. Es müssen mindestens zwei mögliche *Merkmalsausprägungen* vorhanden sein.

Die Merkmale lassen sich in verschiedene Typen unterscheiden, die **unterschiedliche statistische Verarbeitungen** zulassen. Folgende Unterscheidungen von Merkmalen sind möglich:

1.3.1 Nominale versus intensive Merkmale

Die Merkmalsausprägungen nominaler Merkmale lassen sich im Gegensatz zu Merkmalsausprägungen intensiver Merkmale nicht in eine sinnvolle Reihenfolge bringen.

1.3.2 Dichotom versus politom

Wenn ein nominales Merkmal nur zwei Ausprägungen besitzt, so spricht man von einem dichotomen Merkmal. Derartige Merkmale lassen besonders einfache Verfahren zu und werden deshalb besonders behandelt. Liegen mehr als zwei Merkmalsausprägungen vor, so spricht man von einem politomen Merkmal.

1.3.3 Ordinal versus metrisch

Ordinale Merkmale liegen einer subjektiven und/oder (im weitesten Sinne) willkürlichen Skalierung zugrunde. Die statistischen Verfahren, die auf metrische Merkmale angewendet werden dürfen, sind i.A. wesentlich genauer und aussagekräftiger und damit auch häufig sicherer im statistischen Sinne. Grund hierfür ist die meist präzisere die Skalierung!

1.3.4 Stetig versus diskret

Lässt sich ein Merkmal durch verfeinerte Messmethoden nicht mehr genauer bestimmen, so handelt es sich um ein diskretes Merkmal. Stetige Merkmale sind bis auf kleinste Einheiten genau zu messen.

1.4   Skalenniveaus

Nominalskala: keine eindeutige und objektive Reihenfolge möglich, zwei (dichotom) oder mehrere (politom) Ausprägungen möglich, nur verteilungsunabhängige Tests, → dichotome oder politome Datenerhebung

Rangskala: zugeteilte Daten wie Schulnoten oder auch Turnbenotungen von Kampfrichtern, Rangordnung ist möglich, Rangordnungstests, Rangvarianzanalysen und Rangkorrelationen sind möglich → ordinale Datenerhebung

Intervallskala: Nullpunkt konventionell festgelegt (Grad Celsius), parametrische und verteilungsunabhängige Testverfahren, parametrische Lage- und Streuungsmaße → metrische Datenerhebung

Verhältnisskala: wahrer Nullpunkt (Grad Kelvin), parametrische und verteilungsunabhängige Testverfahren, Lage- und Streuungsmaße → metrische Datenerhebung

Hinweis: Es sind nur Transformationen zu *gröberen* Skalen möglich (Z.B. Intervallskala zu Rangskala).

Die nachfolgende aufgeführte Baumstruktur, soll helfen, die verschiedenen Merkmalstypen und Rangskalen zu identifizieren, zu ordnen und zu verbinden.

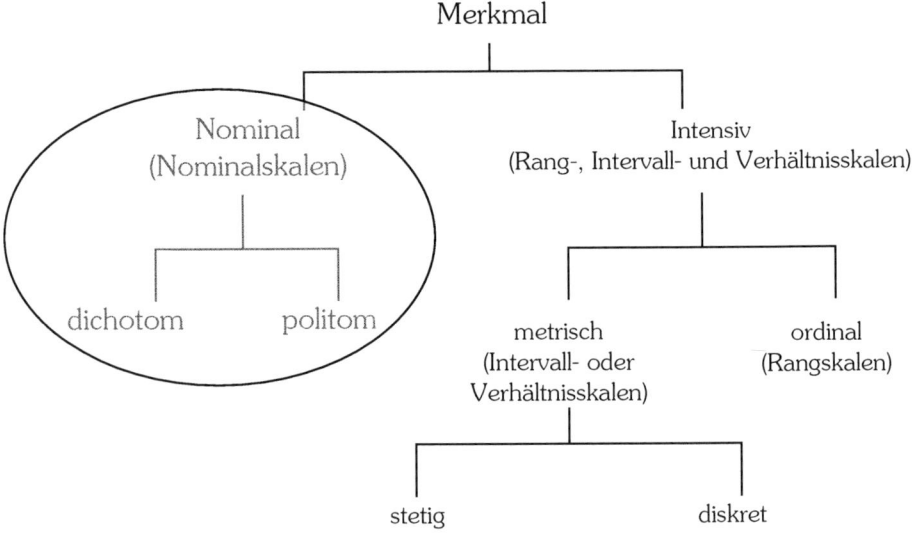

Eingekreist: Lediglich Häufigkeitsanalysen möglich

Abb. 2: Merkmalstypen und Skalenniveaus

BEISPIELE FÜR VERSCHIEDENE MERKMALSTYPEN

Merkmal	Merkmalstyp	Merkmalsausprägungen
Geschlecht	Nominal-dichotom	männlich / weiblich
Betriebene Hauptsportart	Nominal-politom	Fußball, Tennis, Schwimmen, etc.
Haltungsnote im Turnen	Intensiv-ordinal	9,1 / 9,3 / 9,6 / 9,8 / 10,0 etc.
Herzfrequenz in Ruhe	Intensiv-metrisch (stetig)	54 [min^{-1}] / 68 [min^{-1}] / 76 [min^{-1}] etc.
Treffer pro Handballspiel	Intensiv-metrisch (diskret)	6 Treffer, 8 Treffer, 9 Treffer etc.
Familienstand	Nominal-politom	Ledig, verheiratet, verwitwet, geschieden, etc.

1.5   Grundgesamtheit und Stichprobe

Die Statistik untersucht eine begrenzte bzw. endliche Anzahl Merkmalsträger (z.B. die Raucher, die Sportstudenten) als eine *Grundgesamtheit*. Nur eine endliche Teilmenge, die *Stichprobe* vom Umfang n, kann tatsächlich aus beispielsweise finanziellen oder zeitlichen Gründen auf die jeweilige Merkmalsausprägung hin untersucht werden. Bei der Auswahl einer Stichprobe sind besondere Regeln zu beachten, so zum Beispiel Zufallsstichproben aus der Grundgesamtheit.

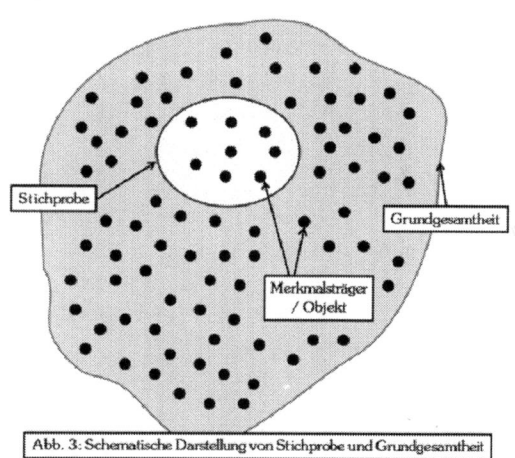

Abb. 3: Schematische Darstellung von Stichprobe und Grundgesamtheit

Dies bedeutet, dass jedes Objekt die gleiche Möglichkeit besitzen muss, in die Stichprobe zu gelangen (vergleiche SACHS/HEDDERICH, 2006). Weitere Punkte sind Wiederholbarkeit, Randomisierung oder Blockbildung, die in der weiterführenden Literatur nachgelesen werden können.

BEISPIEL:
Die folgenden zwei Beispiele sollen die Beziehung zwischen Grundgesamtheit und
Stichprobe verdeutlichen:

- Eine Gruppe von Probanden kann als Stichprobe der Grundgesamtheit
  "Menschen" gelten. Allerdings ist i.a. die Probandenauswahl nicht zufällig im
  statistischen Sinne.
- Die Klasse 7c vom Gymnasium "Intelligenzschmiede" kann als nicht reprä-
  sentative Stichprobe für Schüler der 7. Klasse gelten.

Dabei sei darauf hingewiesen, dass im Folgenden alle Beispiele von Berechnungen
der verschiedenen statistischen Untersuchungsverfahren auf einer „zufälligen" Stichprobe aufbauen. Zum Teil problematisch ist in der Wissenschaftspraxis die Akquise
von Probanden. Diese erfolgt häufig per Aushang an schwarzen Brettern oder per
Internet. Im Zuge dessen melden sich an den Universitäten meist Studenten. Bei dieser Praxis ist die Repräsentativität der Stichprobe sicherlich zu hinterfragen.

1.6   Gütekriterien für wissenschaftliche Untersuchungsverfahren

Die Gütekriterien für wissenschaftliche Untersuchungsverfahren sind Voraussetzungen, die für eine möglichst zuverlässige Aussage und ein genaues Ergebnis der Tes-
tung gegeben sein sollten. Ebenfalls können die verschiedenen Gütekriterien unter
Anwendung statistischer Untersuchungsverfahren überprüft werden. So wird die Reliabilität beispielsweise über Korrelationen getestet. Die Gütekriterien und statistischen
Anwendungen sind also in mehreren Punkten miteinander verbunden.

Objektivität: Gemeint ist die Objektivität der Datenerhebung. Die Ergebnisse und
Interpretationen müssen wissenschaftlich erfasst werden und frei von Einflüssen des
Untersuchungsleiters oder der Untersuchungssituation sein. Hierzu zählen genau fest-
gehaltene Einstellungen von unterstützendem Geräteeinsatz ebenso wie der Einsatz
von Gerät im Allgemeinen.

Beispiel: Beurteilt der Untersuchende die Leistung eines Probanden beim 100m Lauf
nach eigener Einschätzung, so liegt Subjektivität vor. Beurteilen mehrere Untersuchende die Leistung des Probanden mit Stoppuhren, so erhöht sich die Objektivität. Wird unter größtmöglicher Ausschaltung aller Fehlerquellen eine automatische
Messung eingesetzt, so ist die höchstmögliche Objektivität erreicht.

Validität: Zeigt auf, wie vollständig ein Sachverhalt durch die erhobenen Daten erfasst
wird. Sollen z.B. Herzfrequenzen gemessen werden, so muss auch genau dieser Parameter erfasst werden. Die Validität ist vorherrschend in der Fragebogenerstellung
ein wichtiges Merkmal.

Beispiel: Das Erfassen der Intelligenz über einen Intelligenztest. Die Validität, also die Gültigkeit, des Testverfahrens wird oftmals hinterfragt, da der Intelligenztest keine genaue Aussage über die wahre Intelligenz (das heißt das aus einer Vielzahl von Merkmalen bestehende Konstrukt „Intelligenz") macht und sich Intelligenz nicht auf diese Weise messen lässt.

Reliabilität: Die Reproduzierbarkeit von Daten. Die Reproduzierbarkeit von Daten gibt Aufschluss über das Ausmaß von vorhandenen Messfehlern. Mit der Reproduzierbarkeit von Daten ist gemeint, dass Messergebnisse zwar nicht genau, jedoch so genau wie möglich nachvollzogen und wiederhergestellt werden können. Dabei ist ein genaues Erfassen des Messvorganges oder Aufzeichnung des Testablaufes unerlässlich, um Fehlern vorzubeugen.

Beispiel: Es könnten Laufbandtestungen mit Atemgasanalyse durchgeführt werden. Hierbei werden zur genauen Reproduzierbarkeit die Umgebungsbedingungen aufgezeichnet und stabil gehalten. Der Testablauf und das Testprotokoll müssten bei einem erneuten Test klar befolgt werden bzw. vorgegeben sein.

Zusätzlich muss beachtet werden, dass die Aussage eines statistischen Testverfahrens trotz Gütekriterien und Voraussetzungen neben Messfehlern noch mit einer gewählten Irrtumswahrscheinlichkeit einhergeht. Die „Wahrheit" der Aussage ist also lediglich konstruiert und bis zu einem Niveau (Signifikanzniveau) anzunehmen, nicht aber als „entdeckte" Wahrheit mit uneingeschränkter Zuverlässigkeit geltend. Es bleibt also bei einer Annahme, die mit Restunsicherheit **belegt** werden kann. Wird dieses Signifikanzniveau unterschritten, kann die Nullhypothese **nicht verworfen werden**. Mit der Restunsicherheit der ermittelten Irrtumswahrscheinlichkeit kann dann die Alternativhypothese belegt werden.

Dabei kann nach dem Belegen einer Alternativhypothese der wissenschaftliche Weg, eben eine Verfeinerung der Ausgangshypothesen, stattfinden. Damit könnten neue Erkenntnisse oder Ideen entstehen. Diese können dann wiederum mit dem als Schaubild dargestellten und in einzelne Punkte unterteilten Weg nach Schema 1, Kap. 1 untersucht werden und ihrerseits zu neuen Erkenntnissen und Problemstellungen führen. So wird Schritt für Schritt ein neues Bild gezeichnet, alte Vorstellungen verändert oder teilweise berichtigt und sich somit näher an die zu findende Essenz der Problemstellung angenähert (siehe Kap. 2, Falsifikationsprinzip).

ZUSAMMENFASSUNG:

Kapitel 1 gibt einen Einblick in die systematischen Vorgehensweisen bei Anwendung statistischer Kenntnisse. Wichtige Punkte sind Identifikation der Merkmalstypen und Skalenniveaus sowie eine Beachtung und Überprüfung der Gütekriterien für wissenschaftliche Untersuchungsverfahren, die eng mit der Statistik verwoben sind.

2 Häufigkeiten und deren Vergleichsmöglichkeiten

2.1 Häufigkeiten

Grundsatz: Alle Merkmalsausprägungen lassen sich durch Häufigkeiten (Hfk) beschreiben:

- absolute Häufigkeit $f_{abs}(x)$: Anzahl der Häufigkeit der Merkmalsausprägungen in der erhobenen Stichprobe

- relative Häufigkeit: $f_{rel}(x) = \dfrac{f_{abs}(x)}{n}$

  wobei n immer den Stichprobenumfang bzw. die Anzahl der Messwerte angibt

2.1.1 Darstellungsformen für nominale und ordinale Merkmale

Nominale und ordinale Merkmale sind in Abhängigkeit von ihren Merkmalsausprägungen auszuwerten und entsprechend darzustellen. Bei geringen Häufigkeiten für einzelne Merkmalsausprägungen sollte u.U. an eine Zusammenfassung von Merkmalsausprägungen gedacht werden. Als Darstellungsformen sind Tabellen, Säulen- und Kreisdiagramme denkbar.

BEISPIEL:
In einer Physiologie-Klausur gab es folgende Notenverteilung (Darstellung als Tabelle, Darstellung als Kreis- und Säulendiagramm siehe SPSS-Abschnitt oder SPSS-Hilfe):

Note (x)	$f_{abs}(x)$	$f_{rel}(x)$	*zugehöriger Rechenweg*
1	77	10,5 %	= 77/730 = 0,105
2	113	15,5 %	= 113/730 = 0,155
3	256	35,1 %	= 256/730 = 0,351
4	189	25,9 %	= 189/730 = 0,259
5	95	13,0 %	= 95/730 = 0,130
$\sum$	**730**	**100 %**	

$F_{abs}(x)$: absolute Zahlen, d.h. beobachtete Häufigkeiten oder reell aufgetretene Noten

$F_{rel}(x)$: relative Prozentzahlen um das Problem fehlender Werte zu lösen; errechnet per Division der einzelnen Beobachtungen durch die Gesamtzahl der Beobachtungen. Die Angabe der Prozentzahlen ergibt sich aus der Multiplikation mit „Hundert". Die reelle Zahl 0,105 ist also gleich der relativen Zahl 10,5%.

Hinweise für SPSS-Anwender

SPSS erlaubt über verschiedene Prozeduren sowohl eine tabellarische als auch eine grafische Ausgabe von Häufigkeiten. Eine Möglichkeit ist folgender Menüweg:

Analysieren

> *Deskriptive Statistik*

>> *Häufigkeiten...*

In diesem Fenster sind die Variablen anzugeben, die ausgewertet werden sollen. Es können ebenfalls Tabellen und Diagramme angefordert werden. Im dargestellten Fenster wurden eine Häufigkeitstabelle und ein Kreisdiagramm mit absoluter Häufigkeit für die Variable 'phyklau' angefordert. Im Menüpunkt "*Analysieren...*" können noch einige beschreibende statistische Parameter angefordert werden.

Beachte: Zu allen Hinweisen für SPSS-Anwender in diesem Buch gibt die „Power-Point-SPSS-Hilfe" genauere Informationen.

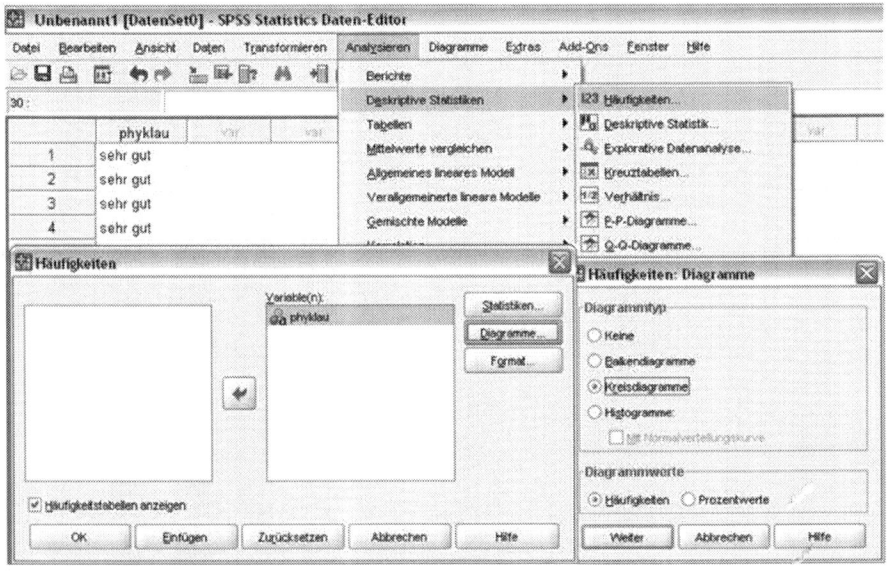

Abb. 4: Menüfenster zur Berechnung von Häufigkeiten in SPSS

Die zugehörige Ausgabe sowohl tabellarisch als auch graphisch sieht wie folgt aus:

PHYKLAU

		Häufigkeit	Prozent	Gültige Prozente	Kumulierte Prozente
Gültig	sehr gut	77	10,5	10,5	10,5
	gut	113	15,4	15,5	26
	befriedigend	256	34,8	35,1	61,1
	ausreichend	189	25,7	25,9	87
	nicht bestanden	95	12,9	13	100
	Gesamt	730	99,3	100	
Fehlend	0	5	0,7		
Gesamt		735	100		

Phyklau

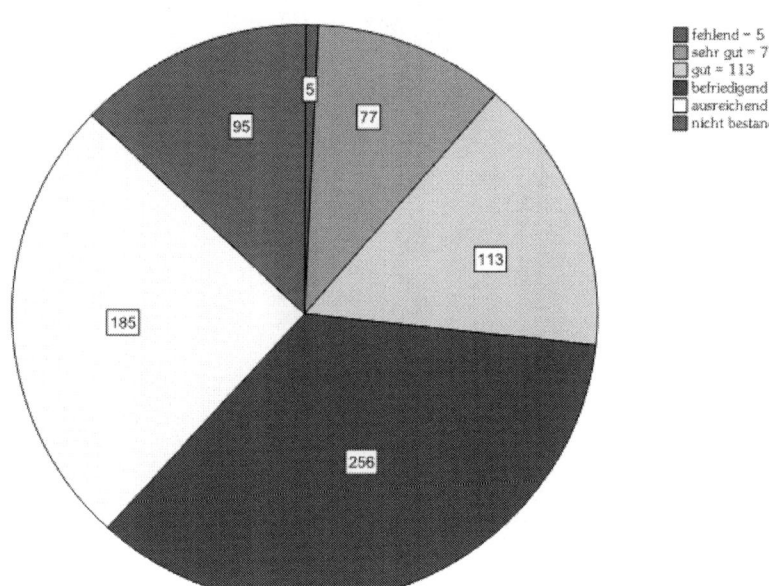

fehlend = 5
sehr gut = 77
gut = 113
befriedigend = 256
ausreichend = 185
nicht bestanden = 95

Abb. 5: Kreisdiagramm einer Häufigkeitsanalyse

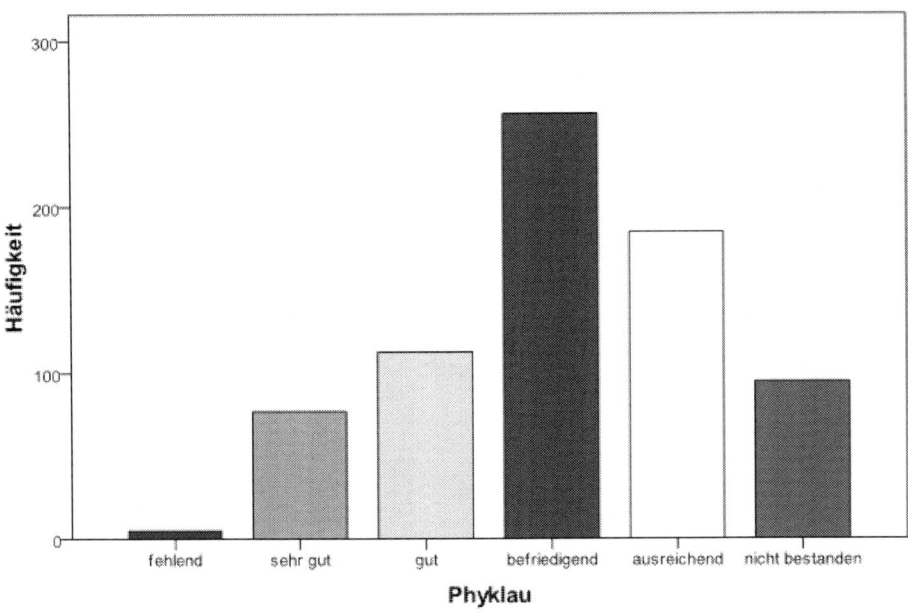

Abb. 6: Säulendiagramm einer Häufigkeitsanalyse

Die aufgezeigten Möglichkeiten von SPSS können unter den Punkten „*Explorative Datenanalyse*" bzw. „*Deskriptive Statistik*" in der SPSS-Hilfe nachgelesen werden.

2.1.2 Darstellung metrischer Merkmale

Metrische Merkmale sind in ähnlicher Form darstellbar wie nominale oder ordinale Merkmale. Durch die große Zahl der möglichen Merkmalsausprägungen müssen allerdings Klassen bzw. Intervalle gebildet werden, für die die Häufigkeiten ausgezählt werden. Sinn dieser Berechnungen ist es, möglichst eine vereinfachte Darstellung der ehemals großen Anzahl von Daten in einer übersichtlichen Form darzustellen. Dabei sind folgende Arbeitsschritte und Regeln zu beachten:

a)   Minimum-Maximum-Bestimmung der Stichproben (Min, Max)

b)   Anzahl der Klassen k bestimmen; Voraussetzung für Klassenbildung: Klassenbreite h soll für alle Klassen gleich sein, Ausnahme: Randklassen. Faustregel $k \approx \sqrt{n}$

c)   Berechnung der Klassenbreite h: $h = \dfrac{Max - Min}{k}$

d)   Festlegung der Klassengrenzen in Abhängigkeit von der Klassenbreite; für Klassengrenze "glatte", sinnvolle Zahlen wählen.

e)   Werte auf der Intervallgrenze zählen definitionsgemäß je als ½ Häufigkeit für die benachbarten Intervalle, oder die Intervalle werden halboffen als $a \leq \overline{x} < b$ bzw. $a < \overline{x} \leq b$ definiert.

f)   Auszählen:

- mindestens fünf Werte sollten pro Klasse vorliegen, bei geringerer Besetzung Intervalle zusammenfassen, aber: wenn es sich nicht um Randintervalle handelt, sollten die Intervalle auch nicht zusammengefasst werden!

- hierbei sollten möglichst sinnvolle und angepasste Abstände vorliegen (ist die Zahl 2,6 berechnet, so kann in manchen Fällen die 2,5 als Klassengrenze sinnvoller sein)

BEISPIEL:

Gemessen wurden Herzfrequenzen (in Schläge pro Minute = min^{-1}) von 100 Probanden während eines Dauerlaufes:

123,4	127,8	126,6	126,2	118,7	119,2	126,4	136,2	127,1	126,4
126,3	122,2	135,1	123,6	125,8	119,1	120,4	133,1	131,7	130,9
128,1	123,6	135,6	126,7	127,9	134,8	126,9	126,4	131,5	123,1
128,0	133,3	121,1	126,6	124,1	126,4	122,3	133,7	134,8	121,9
127,8	130,0	128,1	130,0	128,6	126,4	132,1	128,3	128,3	129,5
122,0	**114,3**	132,0	135,0	133,3	130,0	123,1	125,7	**140,0**	124,6
125,6	133,3	132,8	122,4	136,8	130,4	124,7	127,4	133,7	133,2
117,4	136,5	125,8	130,3	127,6	121,0	132,4	125,6	123,5	118,1
131,8	125,9	123,8	123,7	117,8	125,6	118,2	119,4	129,9	131,5
125,2	129,9	136,4	128.4	131,7	121,3	122,8	122,8	126,9	129,3

Der Minimalwert beträgt 114,3 min^{-1}, das Maximum 140,0 min^{-1} (jeweils eingerahmt). Da n = 100, wird die Anzahl der Klassen zunächst auf 10 festgelegt. Für die Klassenbreite ergibt sich:

$$h = \frac{140,0 - 114,3}{10} = 2,57 \approx 2,5 \quad \text{(sinnvolle Intervallgröße!)}$$

Die erste Auszählung ergibt dann:

Intervallgrenzen		$F_{abs}(x)$
$a \leq x < b$		
$-\infty$	117,5	2
117,5	120,0	7
120,0	122,5	9
122,5	125,0	13
125,0	127,5	22
127,5	130,0	16
130,0	132,5	13
132,5	135,0	10
135,0	137,5	7
137,5	∞	1

Nach der Zusammenfassung der Randintervalle ergibt sich:

Intervallgrenzen		$F_{abs}(x)$
$a \leq x < b$		
$-\infty$	120,0	9
120,0	122,5	9
122,5	125,0	13
125,0	127,5	22
127,5	130,0	16
130,0	132,5	13
132,5	135,0	10
135,0	∞	8

Grundsätzlich kann die Häufigkeitsauswertung intensiver/metrischer Merkmale genauso erfolgen wie in Kap. 2.1.1. dargestellt. Die übliche Häufigkeitstabelle und die entsprechenden Diagramme geben die Häufigkeiten für **alle** vorkommenden Merkmalsausprägungen an und fallen daher i.A. zu umfangreich aus. Eine Ausnahme bilden die Histogramme, die als Diagramm angefordert werden können und die auch optional mit Normalverteilungskurve ausgegeben werden. Hierbei findet auch eine automatische Intervallbildung statt, die allerdings nicht den o.a. Regeln folgt. Es empfiehlt sich daher, Gruppen nach den o.a. Regeln in einer neuen Variablen bilden zu lassen. Eine Möglichkeit ist der Menüweg über

Transformieren

   Umkodieren

      In andere Variablen...

Zu beachten ist, dass hier angegebene Bereiche sich als $a \leq \bar{x} \leq b$ verstehen und jedes Intervall definiert werden muss. Das Transformieren ermöglicht es, erhobene Werte in eine andere oder neue Variable zu verändern. Dieses erreichen Sie wie oben dargestellt über das Transformieren. Hierbei können Gruppenvariablen (dichotom oder auch politom) erstellt werden. Beispielsweise können die Herzfrequenzwerte von $120 - 130 \ min^{-1}$ in die Gruppe 1, $130 - 140 \ min^{-1}$ in Gruppe 2 usw. erstellt werden. Über ein Labeln der Daten kann hierbei genau festgehalten werden, welche Gruppe welchen Wertebereich darstellt (siehe PowerPoint-Anleitung SPSS-Hilfe - *generelle Hinweise - Umkodieren*).

Eine andere Möglichkeit besteht in einer Berechnung einer Gruppenvariablen. Der Menüweg:

Transformieren

   Variable berechnen...

An dieser Stelle sei auf die weiteren Möglichkeiten des Filterns von Variablen, des Umkodierens oder auf das Transformieren und ihren Einsatz in einer Untersuchung hingewiesen. Ebenso sinnvoll ist der Einsatz von Wertelabeln zur genauen Bezeichnung der gemessenen Daten.

Das Filtern kann zur Erstellung von bestimmten Datensätzen genutzt werden. Über folgenden Menüpunkt gelangen Sie zum Filtern:

Daten

   Fälle auswählen

      Falls...

Hierbei ist es möglich mehrere Filter in einer Untersuchung zu setzen. So können männliche Teilnehmer einer bestimmten Altersspanne herausgefiltert und im Folgenden nur diese analysiert werden. (Filter Geschlecht und Alter)

Häufig werden Verteilungen als ein- oder mehrgipflig, symmetrisch oder schief beschrieben. Die folgenden drei Beispiele für Verteilungen entsprechen einer eingipflig-symmetrischen (a), einer eingipflig-schiefen, linkssteilen (b) und einer zweigipfligen (c) Verteilung:

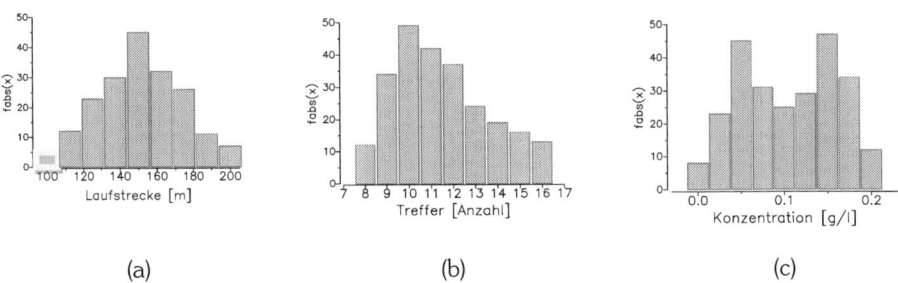

(a)   (b)   (c)

Abb. 7: Beispiele von statistischen Verteilungen

2.2 Summenhäufigkeiten

Für intensive Merkmale lassen sich noch sog. Summenhäufigkeiten berechnen, die insbesondere bei Vergleichen mit theoretischen Verteilungsfunktionen (z. B. Normalverteilung) von Bedeutung sind.

- relative Summenhäufigkeit $F_{rel}(x)$: $F_{rel}(x) = \sum_{z \leq x} f_{rel}(z)$

- absolute Summenhäufigkeit $F_{abs}(x)$ wird entsprechend definiert:
$$F_{abs}(x) = \sum_{z \leq x} f_{abs}(z)$$

Neben der Beschreibung des Ergebnisses (Häufigkeitsdarstellung) soll beurteilt werden, wie wahrscheinlich Zufallseinflüsse auf das Ergebnis einwirken.

Mit SPSS wird über den in Kap. 2.1.1 beschriebenen Weg ebenfalls die Summenhäufigkeit ausgewertet. In den Graphikfunktionen kann auch eine Summenhäufigkeit dargestellt werden, mit der direkt mit einer Verteilungsfunktion verglichen werden kann:

Analysieren

   Deskriptive Statistik

      Q-Q-Diagramme...

Die Darstellung der Summenhäufigkeit aus dem Beispiel in Kap. 2.1.2 ergibt folgendes Diagramm:

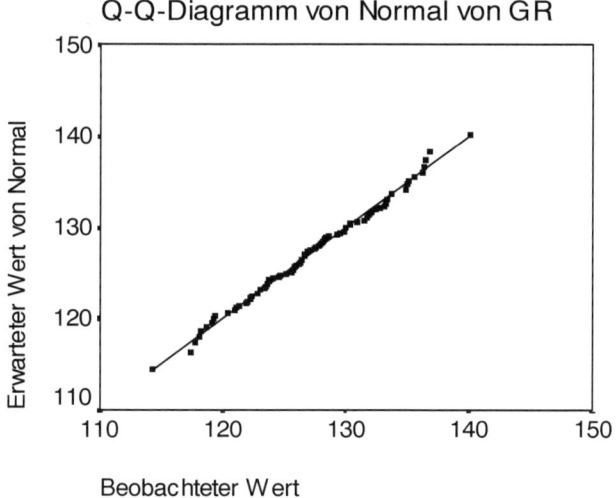

Abb. 8: Summenhäufigkeitsdiagramm (Q-Q Diagramm) mit SPSS erstellt

Hiermit werden die Quantile (siehe Kap. 3.2.3) der Verteilung einer Variablen gegen die Quantile einer beliebigen Anzahl von zu testenden Verteilungen aufgetragen. Wahrscheinlichkeitsdiagramme werden im Allgemeinen verwendet, um festzustellen, ob die Verteilung einer Variablen einer gegebenen Verteilung entspricht. Wenn die ausgewählte Variable der zu testenden Verteilung entspricht, sind die Punkte um eine Gerade herum gruppiert.

2.3   Allgemeines Arbeitsschema für statistische Vergleiche

Statistische Testverfahren laufen prinzipiell nach einem festen Schema ab, das für alle Tests identisch ist. Dieses Kapitel stellt das allgemeine Schema in abstrakter Form dar. In den folgenden Kapiteln wird es jeweils angewandt. Die erste Anwendung erfolgt unmittelbar im Anschluss an dieses Kapitel (χ^2-Test auf Gleichverteilung).

Folgendes Schema beinhaltet die wichtigsten Punkte einer statistischen Analyse und soll als Anhalt und Hilfe bei der Durchführung statistischer Analysen dienen:

0. Bildung einer wissenschaftlichen Fragestellung:

Vor den eigentlichen statistischen Arbeiten muss eine wissenschaftliche Fragestellung formuliert werden. Zum generellen Ablauf vor dem statistischen Test siehe Kap. 1, Abb. 1.

1. Hypothesenbildung:

Die Hypothesen beziehen sich auf die Grundgesamtheit, die untersucht werden soll. Da die entsprechenden statistischen Parameter -z.B. Häufigkeiten- **nie wirklich bekannt sind, werden sie mit griechischen Buchstaben** gekennzeichnet.

Nullhypothese H_0:	Sie geht immer vom Vorliegen eines **präzisen Analysemodells** aus. Dieses Modell wird im 4. Schritt genutzt, um entsprechende Vergleichsgrößen aus den Stichprobendaten zu gewinnen.
Alternativhypothese H_1:	Als Alternative wird das **Nichtzutreffen des Modells aus H_0** angenommen. (In der Literatur auch als H_A bezeichnet)

Beachte: In der Wissenschaft sind Alternativhypothesen mit einer Irrtumswahrscheinlichkeit zu belegen und daher zumeist das Ziel einer Untersuchung. Nullhypothesen können nicht verworfen werden und sind von der Aussagekraft schwächer einzuschätzen. Dabei wird das **Falsifikationsprinzip** (Widerlegungsprinzip) angewandt.
Wissenschaftliche Aussagen sind nicht endgültig durch die Wissenschaft zu beweisen. Ein Gegenbeispiel kann die gesamte Hypothesenstruktur „zu Fall bringen". Die Falsifikation führt im Gegensatz zur Verifikation zu einer Verfeinerung wissenschaftlicher Theorien und zur Erweiterung des Wissens. Das Falsifikationsprinzip ist Auslöser wissenschaftlicher Untersuchungen und kritischer Hinterfragungen von wissenschaftlichen Aussagen und verhindert so einen „Stillstand des Wissens".

2. Wahl des Signifikanzniveaus α

α gibt im Falle einer Annahme von H_1 die Irrtumswahrscheinlichkeit an. β bezeichnet die Power eines Tests. Die fehlerhafte Annahme der Alternativhypothese wird als Fehler 1. Art bezeichnet. Es gibt keine entsprechende Möglichkeit, eine präzise Irrtumswahrscheinlichkeit für die fehlerhafte Annahme der Nullhypothese H_0 (Fehler 2. Art) anzugeben. Den Ausgang der späteren Testentscheidung zeigt im Überblick folgende Tabelle:

		Realität	
		H_0	H_1
	H_1	α	$1-\alpha$
		(Fehler 1. Art)	
Testent-scheidung	H_0	$1-\beta$	β
			(Fehler 2. Art)

Das Signifikanzniveau stellt also die Irrtumswahrscheinlichkeit bei Annahme der Alternativhypothese dar. Dies bedeutet, sofern die Irrtumswahrscheinlichkeit des statistischen Tests im Folgenden unter dem zumeist 5% gewählten Signifikanzniveau befindet, dass H_1 belegt wird. Rechnet man dies eigenständig aus, so muss man anschließend Grenzwert und Vergleichswert bestimmen. Bei Nutzung von statistischen Programmen wird direkt eine Irrtumswahrscheinlichkeit ausgegeben, die es dann zu interpretieren gilt.

3. Grenzwertangabe

Angabe (Berechnung) einer Testgröße G als Grenzwert, anhand dessen entschieden wird, ob die Nullhypothese oder die Alternativhypothese angenommen wird. Zumeist wird dieser Wert aus Tabellen entnommen, die für das jeweilige Testverfahren vorgeschrieben sind. Dabei ist der Buchstabe G nur für dieses Buch gültig. In weiterführender Literatur werden andere Kennzeichnungen für diese Größe gebraucht.

4. Vergleichsgröße aus der Stichprobe berechnen

Die Vergleichsgröße V berechnet sich aus den Daten der Stichprobe ("Stichprobenwert"). Dies kann unmittelbar eine statistische Größe sein, meist wird V durch eine entsprechende Berechnung gefunden. Auch hier ist der Buchstabe V gewählt, um die statistischen Verfahren in einem gleichbleibenden Schema zu halten und nicht zu verwirren. In der weiterführenden Literatur sind die Berechnungswerte auch mit anderen Buchstaben gekennzeichnet. Alle Rechnungen sind – soweit nicht anders angegeben - auf die zweite Nachkommastelle gerundet.

5. Schlussfolgerung/Testentscheidung

Vergleich von Stichprobenwert und Testgröße sowie Rückschluss auf die anzu-
nehmende Hypothese. In der Regel gilt:

Falls...

$G \leq V \implies$ H_1 gilt mit einer Irrtumswahrscheinlichkeit $p \leq \alpha$
(gewähltes Signifikanzniveau)

$G > V \implies$ H_0 kann für die vorgegebene Irrtumswahrscheinlichkeit α *nicht verworfen* werden (man beachte den Unterschied in der Formulierung zur Annahme von H_1!)

Anmerkung: Wird die statistische Auswertung EDV-gestützt durchgeführt, so ent-
fallen die Schritte 3 und 4. In der Regel wird der präzise Wert für die Irrtumswahrscheinlichkeit angegeben. Der Anwender muss dieses Ergebnis dann in die
von ihm gewählten Signifikanzschranken umarbeiten und interpretieren.

Vorsicht: Eine Irrtumswahrscheinlichkeit $p = 0$ ist i.A. nur auf das begrenzte Aus-
gabeformat zurückzuführen. Daher sollte man diese Angabe aus den EDV-
Auswertungen nicht übernehmen, sondern als $p \leq c$ (c = kleinste dargestellte De-
zimalzahl) angeben.

Es ist üblich, die Signifikanzniveaus verbal anzugeben. Z.B.:

[*] $0,05 \geq P > 0,01$	[**] $0,01 \geq P > 0,001$	[***] $P \leq 0,001$
signifikant	hochsignifikant	höchstsignifikant

2.4 Chi² -Test auf Gleichverteilung

Der folgende Test eignet sich, wenn ein Merkmal mit einer geringen Anzahl von Merkmalsausprägungen auf die Gleichverteilung innerhalb der Merkmalsausprägungen hin untersucht werden soll. I.A. sind nominale und ordinale Merkmale für den Test geeignet, metrische Merkmale müssten in der Regel in Klassen zusammengefasst werden.

Voraussetzung: Es liege ein Merkmal mit **k** Merkmalsausprägungen vor.

1. Hypothesenbildung

    H_0: In der Grundgesamtheit sind alle Klassen gleich häufig belegt: Es gilt also:
    $\Phi(i) = \Phi(j)$ für beliebige i, j $\in$[1, k], i $\neq$ j

    H_1: Es gibt zwei Klassen i, j für die gilt: $\Phi(i) \neq \Phi(j)$

2. Wahl des Signifikanzniveaus α

3. Der Grenzwert G wird aus der Tafel der χ^2-Verteilung (Tafel 1 im Anhang) ermittelt. Die Anzahl der Freiheitsgrade (#FG) beträgt: #FG = **k** – 1 (k = Ausprägungsklassen)

4. Aus der Stichprobe wird folgende Vergleichsgröße V berechnet:

$$V = \sum_i \frac{(B_i - E_i)^2}{E_i} = \frac{k}{n} \sum_i (f_{abs}(x_i) - \frac{n}{k})^2$$

dabei ist E_i = n/k für alle i $\in$[1, k], da Gleichverteilung für alle Merkmalsausprägungen in der Nullhypothese angenommen wurde.

5. Schlussfolgerung/Testentscheidung Vergleich vom Stichprobenwert V und Testgröße G:

    Falls...

    $G \leq V \quad \Longrightarrow \quad$ H_1 gilt mit einer Irrtumswahrscheinlichkeit p $\leq$ α

    $G > V \quad \Longrightarrow \quad$ H_0 kann für die gegebene Irrtumswahrscheinlichkeit nicht widerlegt werden

BEISPIEL 1:

Beim Weitsprung sollen die Häufigkeiten des linken und rechten Sprungbeineinsatzes (Merkmal: nominal-dichotom) verglichen werden.

1. Schritt

H_0: Beide Beine werden gleich häufig in der Grundgesamtheit als Sprungbein eingesetzt (rel. Häufigkeit: (rechts) = 50%, (links) = 50%, oder auch: ((rechts) : (links) = 1:1)

H_1: Die Beine werden unterschiedlich häufig als Sprungbein eingesetzt ((rechts) : (links) $\neq$ 1:1)

Die erhobene Stichprobe zeigt eine Abweichung von der angenommenen Gleichverteilung: Sprungbeineinsatz rechts : links = 50 : 37. Anhand obiger Stichprobe wird versucht, die Nullhypothese zu widerlegen, wobei dies stets mit einer Irrtumswahrscheinlichkeit behaftet ist.

2. Schritt

Wahl des Signifikanzniveaus: α = 5%, d.h. man nimmt in Kauf, dass in 5 von 100 Fällen ähnlicher Tests das Risiko eingegangen wird, falsch zu entscheiden. Bei höheren Irrtumswahrscheinlichkeiten wird H_0 weiterhin angenommen.

3. Schritt

Da ein dichotomes Merkmal vorliegt, müssen nur zwei Klassen berücksichtigt werden (k = 2) und es gilt: #FG = 2 – 1 = 1. Damit ergibt sich für die Testgröße G (aus χ^2- Tafel): G = 3,84.

4. Schritt

Aus der Stichprobe wird folgende Vergleichsgröße V berechnet. Die Erwartungshäufigkeit ist $E_i = \dfrac{(50 + 37)}{2} = 43,5$

also: $V = \dfrac{2}{87} ((50 - 43,5) + (37 - 43,5)) = 1,94$

oder ebenfalls möglich→

$$V = \frac{(50 - 43,5)^2}{43,5} + \frac{(37 - 43,5)^2}{43,5} = 1,94$$

5. Schritt

Vergleich vom Stichprobenwert V und Testgröße G:
G = 3,84 > V = 1,94 $\implies$ Es muss davon ausgegangen werden, dass H_0 nicht verworfen werden kann. D.h. obwohl ein Verhältnis von 50 : 37 vorliegt, muss angenommen werden, dass es sich um eine "zufällige" Differenz handelt (bei α = 5%).

BEISPIEL 2:

Geprüft werden soll, ob alle Noten gleich häufig vergeben werden:

Noten	1	2	3	4	5	
Hfk (B_i)	7	21	35	29	8	n = 100

1. Schritt

H_0: Alle Noten werden gleich häufig vergeben, das Verhältnis beträgt 1:1:1:1:1
H_1: Keine gleich häufige Vergabe der Noten, das Verhältnis der H_0 kann widerlegt werden.

2. Schritt

Festlegen des Signifikanzniveaus: α = 5%

3. Schritt

Bestimmung der kritischen Grenze G:
#FG = 5 - 1 = 4, aus χ^2-Tafel für α = 5%: G = 9,49

4. Schritt

Bestimmung des "Stichprobenwertes" V:

$$E = \frac{100}{5} = 20$$

$$V = 0,05 \cdot \left((7 - 20)^2 + (21 - 20)^2 + (35 - 20)^2 + (29 - 20)^2 + (8 - 20)^2 \right) = 31,0$$

5. Schritt

Da V = 31,0 > 9,49 = G wird H_1 angenommen, d.h. die Notenvergabe in der Grundgesamtheit ist mit p ≤ 5% nicht gleich verteilt.

Der Aufruf in den Windows-Menüs erfolgt über:

Analysieren

   Nichtparametrische Tests

      Chi-Quadrat...

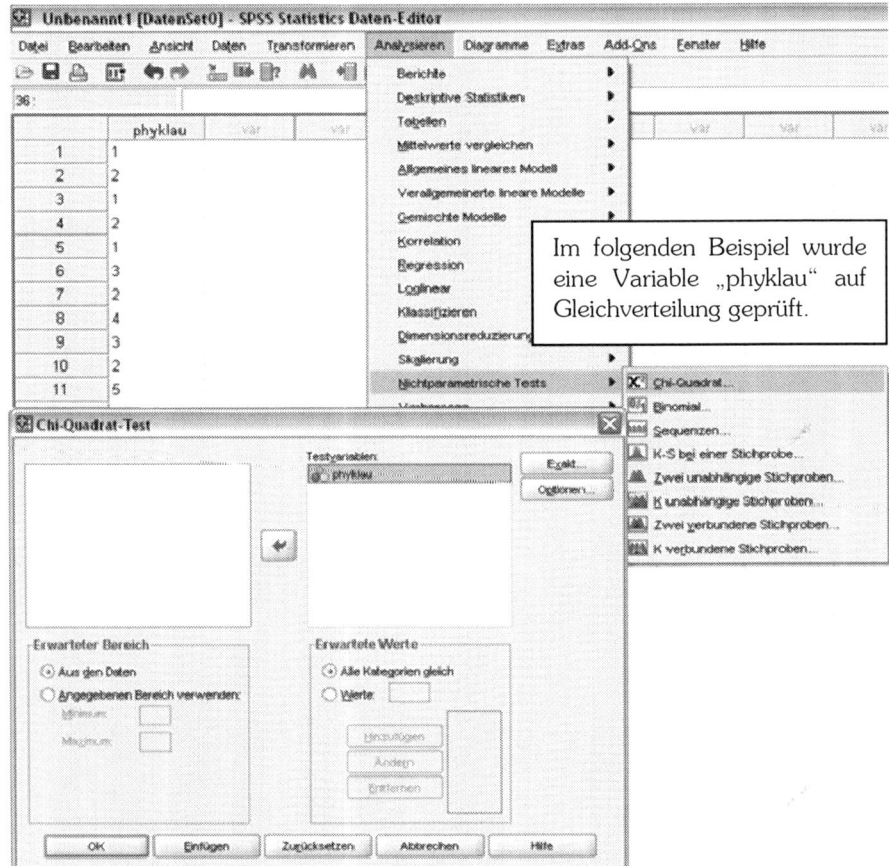

Abb. 9: Menüfenster zur Berechnung eines Chi-Quadrat-Tests in SPSS

Die SPSS-Ausgabe sieht wie folgt aus:

PHYKLAU

	Beobachtetes n	Erwartete Anzahl	Residuum
1	7	20	-13
2	21	20	1
3	35	20	15
4	29	20	9
5	8	20	-12
Gesamt	100		

Statistik für Test

	PHYKLAU
Chi-Quadrat	31,000[a]
df	4
Asymptotische Signifikanz	0,000

a Bei 0 Zellen (,0%) werden weniger als 5 Häufigkeiten erwartet.
Die kleinste erwartete Zellenhäufigkeit ist 20,0.

Das Ergebnis dieser Überprüfung könnte z.B. in einer wissenschaftlichen Arbeit wie folgt dargestellt werden: "Der χ^2-Test zeigte mit p < 0,01% einen signifikanten Unterschied." Das bedeutet, dass die angenommene Verteilung aus H_0 NICHT zutrifft.

Die unter "Chi-Quadrat" angegebene Größe ist äquivalent zum Wert V aus Schritt 4 der Berechnung. "df" bezeichnet die Anzahl der Freiheitsgrade #FG, die "Asymptotische Signifikanz" bezeichnet die Irrtumswahrscheinlichkeit P für das Zutreffen von H_1. In diesem Falle ist P ≤ 0,005. Das bedeutet, dass die Stichprobe nicht einem Verteilungsverhältnis von 1:1:1:1:1 entspricht.

In der SPSS-Hilfe und in der Testsammlung findet man den Chi²-Test über „*Nominale Daten – Chi²-Test*".

2.5 Häufigkeitsvergleiche zwischen zwei Stichproben

Weitere typische Anwendungen von Häufigkeitsvergleichen zwischen zwei Stichproben finden in Form von "4-Felder"-Statistiken statt. Hierbei gibt es zwei Anwendungsfälle, die typisch für die Unterscheidung von "abhängigen" und "unabhängigen" Stichproben sind.

2.5.1 Begriff abhängige - unabhängige Stichproben

Wird ein Objekt zwei- oder mehrfach untersucht, um Veränderungen in einem bestimmten Merkmal festzustellen, so spricht man von abhängigen Stichproben. Von abhängigen Stichproben spricht man auch beim Vergleich zweier Merkmale, die jeweils an einem Objekt erfasst wurden (z.B. linke und rechte Armlänge). Die anzuwendenden statistischen Verfahren unterscheiden sich von denen der unabhängigen Stichproben. Bei unabhängigen Stichproben darf jedes Objekt nur in einer Stichprobe auftreten. Grundsätzlich gilt: Abhängige Stichproben und die damit zusammenhängenden Versuchspläne sind zu bevorzugen, da dadurch i.A. individuelle Schwankungen eliminiert werden. Beispiel für eine abhängige Stichprobe ist der zweimalige Laktattest einer Fußballmannschaft zu Beginn und zum Ende einer Vorbereitungsperiode. Sofern zwei Mannschaften einmal per Laktattest untersucht werden, dann handelt es sich um eine unabhängige Stichprobe.

2.5.2 Vergleich zweier Häufigkeiten für abhängige Stichproben (nach McNemar)

Mit diesem Test kann festgestellt werden, ob eine Situationsänderung zu einer Veränderung einer dichotomen Variablen in einer bestimmten Richtung geführt hat. Allgemeines Schema einer 4-Felder-Tafel (abhängige Stichproben):

		Situation A	
		1	2
Situation B	1	$\tilde{a}$	$\tilde{b}$
	2	$\tilde{c}$	$\tilde{d}$

($\tilde{\ }$ soll andeuten, dass es sich um eine Größe der Grundgesamtheit handelt; (siehe hierzu auch Kap. 5) a, b, c, d ohne $\tilde{\ }$ stehen für Werte aus der Stichprobe)

1. Hypothesenbildung

H_0: Von Situation A zu B hat sich nichts geändert. Die Situation hatte keinen Einfluss auf das Ergebnis. Das Verhältnis $\tilde{b}$: $\tilde{c}$ = 1 : 1.

H_1: Die Situation hat zu einer Änderung in einer Richtung geführt, also $\tilde{b}$: $\tilde{c}$ ≠ 1:1.

2. Wahl des Signifikanzniveaus α

3. Grenzwert festlegen

Der Grenzwert für Testentscheidung wird aus Tafel der χ^2-Verteilung ermittelt: #FG = 1. Grund: Die Häufigkeiten der Veränderungen von Situation 1 zu 2 werden verglichen, es liegen also zwei Klassen vor.

4. Berechnung der Vergleichsgröße aus der Stichprobe:

Wenn (b+c) ≥ 30, dann:

$$V = \frac{(b-c)^2}{(b+c+1)}$$

Wenn 8 ≤ (b+c) < 30 dann „kontinuitätskorrigiert":

$$V = \frac{(|b-c|-1)^2}{b+c}$$

(nur b und c sind interessant, weil diese die Veränderungen von Situation 1 zu 2 angeben. Sind b und c etwa gleich groß, dann hängt die Änderung nicht mit der untersuchten Situation zusammen.)

5. Testentscheidung:

$V < G \Rightarrow H_0$

$V \geq G \Rightarrow H_1$

BEISPIEL:

Eine Gruppe von 60 Schülern unterzieht sich einer Sportprüfung ohne vorheriges Training. Der gleiche Versuch wird nach einem speziellen Training wiederholt. Es liegen abhängige Stichproben vor, weil beide Versuche von denselben Probanden durchgeführt wurden und nach der Wirkung des Trainings gefragt ist. Fasst man das Ergebnis in Form einer Tabelle zusammen, erhält man folgende 4-Felder-Tafel:

		VOR dem Training bestanden	
		0	1
NACH dem Training	0	15	6
bestanden	1	34	5

1. H_0: Training hat keinen Einfluss auf die Prüfungsergebnisse
   H_1: Training hat Einfluss auf das Prüfungsergebnis

   Erklärung: Die grau markierten Daten haben sich in ihrer Situation verändert. Dabei ist die 6 so zu lesen, dass der Zustand „VOR" = 1 sich zu „NACH" = 0 ändert. Die 34 hat sich in der anderen Richtung verändert. Die 15 und die 5 sind jeweils „VOR" und „NACH" mit den gleichen Zuständen gekennzeichnet.

2. $\alpha = 5\%$

3. Aus Tafel der χ^2-Verteilung mit FG = 1 und F(G) = 1 - α wird abgelesen:

   G = 3,84 (kritische Grenze).

4. Bestimmung des Stichprobenwertes V:

   $$V = \frac{(6-34)^2}{6+34+1} = 19,12$$

   Hierbei ist die Reihenfolge der zwei Zahlen egal, da durch die Potenzierung das Vorzeichen entfällt.

5. V = 19,1 > 3,84 = G

   H_1 wird mit p ≤ 5% nachgewiesen, d.h., dass das Training, wenn es zu einer Veränderung geführt hat, in eine Richtung stärker wirkte. Hier hat die Situation nach Ansicht der Daten zu einer starken Veränderung von 0 auf 1 in der „NACH"-Situation geführt.

Der Aufruf erfolgt über:

Analysieren

   Nichtparametrische. Tests

      zwei verbundene Stichproben...

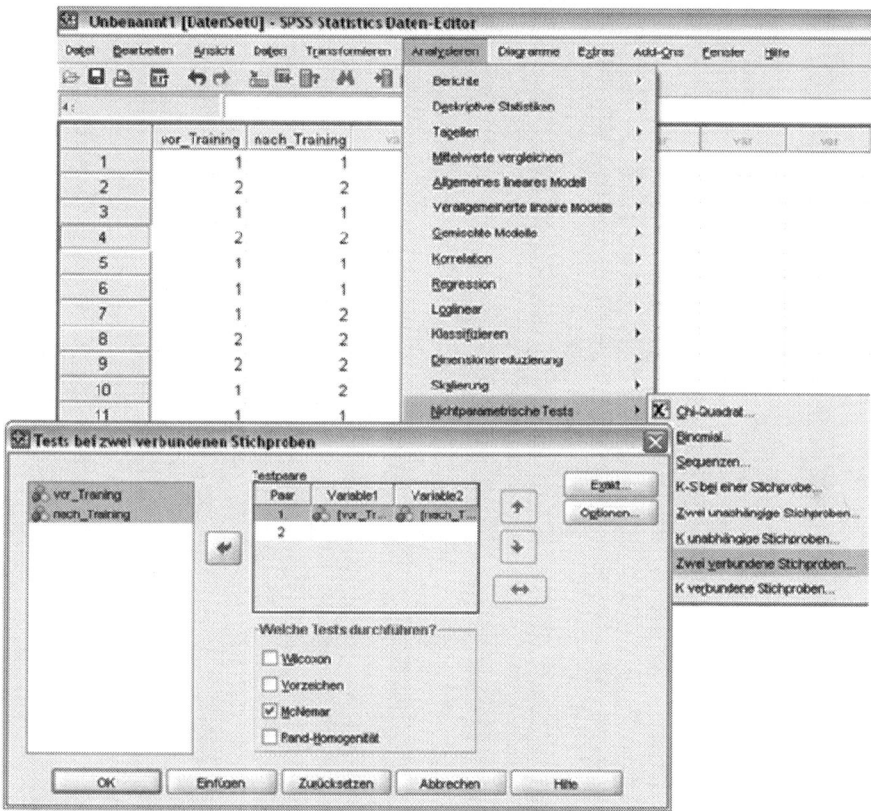

Abb. 10: Menüfenster zur Berechnung eines abhängigen 4-Felder-Test in SPSS

In dem dann erscheinenden Fenster müssen das/die Testpaar(e) (Merkmalspaare) festgelegt werden, und im Abschnitt "Welche Tests durchführen?" muss der McNemar-Test angefordert werden.

Im folgenden Beispiel wurden die Variablen *VOR* und *NACH* auf Veränderungen hin untersucht. Die Struktur von SPSS erfordert dabei, dass die beiden Messungen in zwei Variablen im zu untersuchenden Datensatz enthalten sind.

McNemar-Test

Kreuztabellen

1 & 2

	NACH	
VOR	0	1
0	15	6
1	34	5

Statistik für Test[b]

	1 & 2
N	60
Chi-Quadrat	18,225[a]
Asymptotische Signifikanz	0

a Kontinuität korrigiert
b McNemar-Test

In der SPSS-Hilfe und in der Testsammlung findet man den McNemar-Test über „*Nominale Daten – Abhängiger-4-Felder-Test*"

2.5.3 Beurteilung von Häufigkeitsverteilung zwischen zwei unabhängigen Stichproben (4-Felder-Test für unabhängige Stichproben)

Gegeben sind zwei dichotome Merkmale M_1, M_2. Es wird geprüft, ob die Merkmalsausprägung des Merkmals M_1 zu einer unterschiedlichen Verteilung in Situation B geführt hat.

Voraussetzung für die Anwendung dieses 4-Felder-Tests: Die Erwartungshäufigkeit für die Zellen a, b, c, d darf nicht unter 5 liegen. Dies wird in Schritt 4 mit geprüft!

1. Hypothesenbildung

H_0: M_1 hat keinen Einfluss auf M_2, also gilt: $\tilde{a} : \tilde{b} = \tilde{c} : \tilde{d}$.

H_1: M_1 hat einen Einfluss auf M_2, also gilt: $\tilde{a} : \tilde{b} \neq \tilde{c} : \tilde{d}$.

Diese Hypothese bedeutet, dass das Verhältnis von a zu b ungleich dem Verhältnis von c zu d ist. Dabei könnte also das Merkmal M_1 einen Einfluss auf das Merkmal M_2 gehabt haben.

2. Wahl des Signifikanzniveaus α

3. Kritische Grenze G aus der Tafel der χ^2-Verteilung und #FG = 1. Da bei der Schätzung der Erwartungshäufigkeiten nur eine (Spalten- oder Zeilen-) Summe bei vorgegebenem Stichprobenumfang n geschätzt wird und danach auch die zweite (Spalten- oder Zeilen-) Summe festliegt, darf bei diesem Test nur ein Freiheitsgrad angenommen werden.

4. Bestimmung des Stichprobenwertes über

$$V = \sum \frac{(B-E)^2}{E} = \frac{n \cdot (ad - bc)^2}{(a+b) \cdot (c+d) \cdot (a+c) \cdot (b+d)}$$

(a+b), (c+d) geben dabei die jeweiligen Zeilensummen und (a+c), (b+d) die Spaltensummen an. Die erwarteten Häufigkeiten müssen zur Überprüfung der Voraussetzung aus den beobachteten Werten berechnet werden:

$$\frac{min(a+c), (b+d) \cdot min(a+b, c+d)}{v} \geq 5 \quad \text{(Hierbei wird das Zeilen- oder Spalten-}$$

minimum genutzt, da somit die kleinste Besetzung der Zellen auf ihre Erwartungshäufigkeit hin untersucht wird und damit keine der anderen Zellen mehr eine kleinere Erwartungshäufigkeit besitzen kann).

5. Testentscheidung:

$V < G \Rightarrow H_0$

$V \geq G \Rightarrow H_1$

BEISPIEL:

Bei zwei Schülergruppen wird die Häufigkeit des Sprungbeineinsatzes ausgezählt (re/li; dichotomes Merkmal). Gruppe 1 (n_1 = 87 (Prob.)) hat normalen Unterricht bekommen; Gruppe 2 (n_2 = 95 (Prob.)) erhielt spezielles Training. Es liegen also 2 Stichproben mit einem dichotomen Merkmal vor. Die Gruppenzugehörigkeit ist als das zweite dichotome Merkmal zu sehen.

Mögliche Unterscheidung:

-     Sprungbein rechts/links;

-     normale/spezielle Unterrichtseinheit;

		Sprungbein					
		re			li	Σ	
	Normal	27			60	87	$= n_1$
Gruppe			a	b			
			c	d			
	Spezial	47			48	95	$= n_2$
Σ		74			108	182	$= n$

Frage: Hat der spezielle Unterricht Einfluss auf den Sprungbeineinsatz?

Dabei ist die 4-Felder-Tafel eingerahmt. Beispielhaft ist die Gruppe mit normalem Training grau hinterlegt.

1. Hypothesenbildung

   H_0: Der Einsatz des Sprungbeines ist unabhängig vom Unterricht, d.h. Rechts- und Links-Springer sind in beiden Gruppen gleich häufig vertreten.

   Also: $\tilde{a} : \tilde{b} = \tilde{c} : \tilde{d}$

   H_1: Der Sprungbeineinsatz ist abhängig vom Unterricht, also: $\tilde{a} : \tilde{b} \neq \tilde{c} : \tilde{d}$.

2. $\alpha = 5\%$

3. Grenze G aus der Tafel der χ^2-Verteilung mit $F(G) = 0,95$ ($\alpha = 5\%$, d.h. $1 - 0,05 = 0,95$), #FG = 1: G = 3,84.

4. Bestimmung des Stichprobenwertes über

$$V = \frac{n \cdot (ad - bc)^2}{(a + b) \cdot (c + d) \cdot (a + c) \cdot (b + d)} = \frac{182 \cdot (27 \cdot 48 - 60 \cdot 47)^2}{(27 + 60) \cdot (47 + 48) \cdot (27 + 47) \cdot (60 + 48)} = 6,40$$

Die erwarteten Häufigkeiten werden zur Überprüfung der Voraussetzung aus den beobachteten Werten berechnet:

$$\frac{74 \cdot 87}{182} = 35,37$$

5. Vergleich von der kritischen Grenze G und Stichprobenwert V:
   $V = 6,40 \geq 3,84 = G$. H_1 ist mit $p \leq 5\%$ anzunehmen, d.h. der spezielle Unterricht hatte Einfluss auf den Einsatz des Sprungbeines.

Der Aufruf eines 4-Felder-Tests für unabhängige Stichproben in den Windows-Menüs erfolgt über:

Analysieren

   Deskriptive Statistiken

      Kreuztabellen...

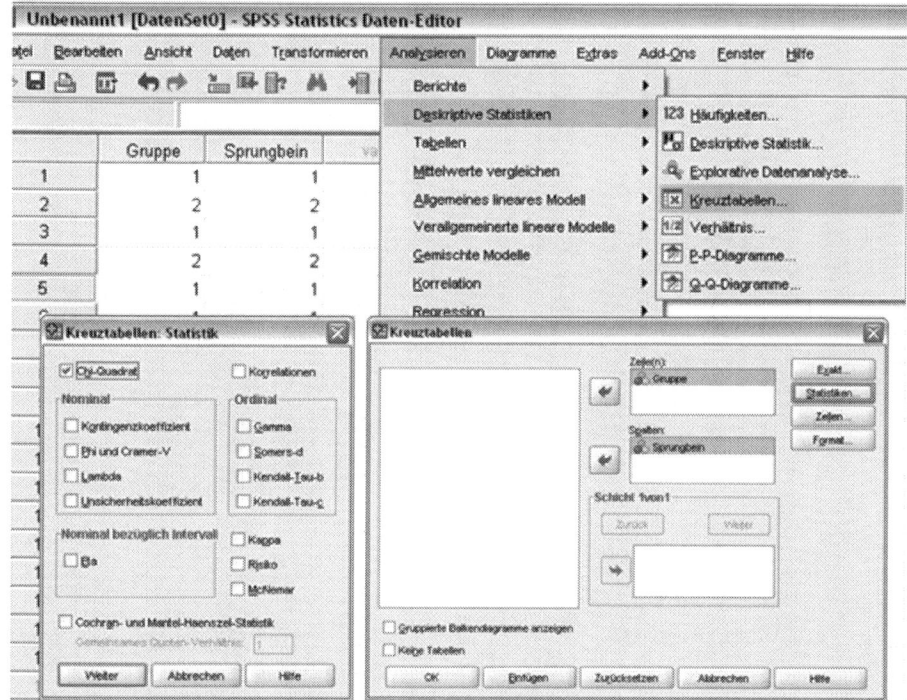

Abb. 11: **Menüfenster zur Berechnung von Kreuztabellen / unabhängigem 4-Felder Test in SPSS**

Nach Festlegung der Spalten und der Zeilenvariablen kann über das Fenster "*Statistik...*" der Chi^2 -Test angefordert werden. SPSS erlaubt dabei auch politome Merkmale. Die Ausgabe zum o.a. Beispiel sieht wie folgt aus:

GRP · BEIN Kreuztabelle
Anzahl

		BEIN		Gesamt
		rechts	links	
GRP	Normal	27	60	87
	Spezial	47	48	95
Gesamt		74	108	182

Chi-Quadrat-Tests

	Wert	df	Asymptotische Signifikanz (2seitig)	Exakte Signifikanz (2-seitig)	Exakte Signifikanz (1seitig)
Chi-Quadrat nach Pearson[a]	6,399	1	0,011		
Kontinuitäts- korrektur[b]	5,658	1	0,017		
Likelihood- Quotient	6,458	1	0,011		
Exakter Test nach Fisher				0,015	0,009
Zusammenhang linear-mit-linear	6,364	1	0,012		
Anzahl der gül- tigen Fälle	182				

a   Wird nur für eine 2x2-Tabelle berechnet

b   0 Zellen (,0%) haben eine erwartete Häufigkeit kleiner 5. Die minimale erwartete Häufigkeit ist 35,37.

In der Zeile "Chi-Quadrat nach Pearson" ist - äquivalent zu der per Hand berechneten Größe V – die Testgröße angegeben. Der oben dargestellte Algorithmus entspricht dem von Pearson. In der Fußzeile wird die kleinste Erwartungshäufigkeit ausgegeben, was der Überprüfung der Testvoraussetzung dient. Durch die Definition von Wertelabels kann den kodierten Werten die Kurzbezeichnungen der Gruppe bzw. das jeweilige Sprungbein zugeordnet werden. Die Trainingsart hatte also mit einer Irrtumswahrscheinlichkeit von 1,1% einen Einfluss auf den Sprungbeineinsatz. In welcher Richtung ein Einfluss besteht muss über die Werte abgeschätzt werden, die sich in der 4-Felder-Tafel befinden.

In der SPSS-Hilfe und in der Testsammlung findet man diesen Test über „*Nominale Daten – unabhängiger 4-Felder-Test*".

ZUSAMMENFASSUNG:

Kapitel 2 gibt einen ersten Einblick in statistische Verfahren. Dabei werden über Häufigkeitsanalysen von nominalen Merkmalen die statistischen Testverfahren eingeführt und erläutert. Neben verschiedenen Darstellungsmöglichkeiten und Diagrammen wie Kreis- oder Balkendiagramm sind Berechnungen von Klassen für metrische oder ordinale Merkmale aufgezeigt. Die statistischen Testverfahren in diesem Kapitel untersuchen jeweils Häufigkeiten. Es werden Häufigkeiten von abhängigen und unabhängigen Stichproben untersucht. Weiterhin bietet das Kapitel eine allgemeine Anleitung für statistische Testverfahren, die in Zusammenhang mit Abb. 1, Kap. 1 den Ablauf einer Gesamtuntersuchung verdeutlichen sollen.

Bevor Häufigkeitsanalysen für metrische Merkmale angesprochen werden sollen, werden Lage- und Streuungsmaße im folgenden Kapitel definiert.

3   Lagemaße und Streuungsmaße

Lage- und Streuungsmaße sind lediglich für intensive Merkmale geeignet. Allerdings ist Vorsicht geboten, denn umgekehrt ist nicht jedes Lage- und Streuungsmaß für jedes intensive Merkmal geeignet. Insbesondere muss zwischen metrischen und ordinalen Merkmalen differenziert werden.

3.1   Lagemaße

3.1.1 Arithmetischer Mittelwert

Das arithmetische Mittel ist wohl das am häufigsten verwendete Lagemaß. Voraussetzung für die Berechnung:

- metrisches Merkmal;
- eingipflige Häufigkeitsverteilung (d.h. die Häufigkeitsverteilung weist nur ein eindeutiges Maximum auf (siehe Kap. 2);
- Stichprobe nicht zu klein ($n \geq 10$);
- die Stichprobe enthält keine Ausreißer.

$$\text{Definition: } \bar{x} = \frac{1}{n} \sum_{i=1}^{n} x_i$$

BEISPIELE:

Die Messwertreihe

127,8	126,2	119,2	136,2	126,4	122,2	123,6	119,1
126,6	118,7	126,4	127,1	126,3	135,1	125,8	

hat den arithmetischen Mittelwert

$$\bar{x} = \frac{1}{15} \cdot 1886,7 = 125,78$$

Andere Mittelwerte (geometrischer, harmonischer) sind für bestimmte Merkmalsarten vorzuziehen. Hier soll die Betrachtung auf das arithmetische Mittel beschränkt bleiben.

3.1.2 Median

Der Median kann für alle metrischen und ordinalen - also intensiven - Merkmale angewendet werden. Dieses Lagemaß sollte dem arithmetischen Mittelwert vorgezogen werden, wenn eine asymmetrische Verteilung, ein kleiner Stichprobenumfang ($n \leq$

10) oder eine mit Messausreißern behaftete Stichprobe vorliegt. Der Median ist derjenige Wert in der nach ihrer Größe geordneten Rangfolge, der die Reihe halbiert, bzw. der Mittelwert von den beiden in den mittleren Rängen stehenden Messwerten:

$$\text{wenn n gerade:} \qquad z = 0{,}5 \cdot \left(x_{n/2} + x_{n/2+1} \right)$$

$$\text{wenn n ungerade:} \qquad z = x_{(n+1)/2}$$

Dabei wird vorausgesetzt, dass die Werte x_i der Größe nach geordnet sind, also für $i < j$ gilt: $x_i \leq x_j$.

BEISPIELE:

1. Für die folgenden 10 Angaben (n = 10) über die Befindlichkeit ($0 \cong$ sehr schlecht,..., $15 \cong$ ausgezeichnet) soll der Median berechnet werden:

Rang	1	2	3	4	5	6	7	8	9	10
Befindlichkeit	3	4	4	6	7	8	8	9	11	12

Der Median ergibt sich aus den Rangplätzen n/2=5 und n/2+1=6, also:
$z = 0{,}5 \cdot (x_5 + x_6) = 0{,}5 \cdot (7+8) = 7{,}5$.

2. Für die folgenden 13 Angaben (n=13) über die Befindlichkeit ($0 \cong$ sehr schlecht,..., $15 \cong$ ausgezeichnet) soll der Median berechnet werden:

Rang	1	2	3	4	5	6	7	8	9	10	11	12	13
Befindlichkeit	3	4	4	6	6	7	8	8	9	10	12	12	13

Der Median ergibt sich aus dem Rangplatz (n+1)/2= 7, also:
$z = x_7 = 8$.

Beide Lagemaße können bei metrischen Merkmalen in Kombination eingesetzt werden. Da der Median weitaus unempfindlicher bei schiefen Verteilungen ist, lässt sich aus der Differenz zwischen Median und arithmetischem Mittelwert ein Hinweis auf schiefe Verteilungen ableiten.

Die Hinweise für die Berechnung mit Hilfe von SPSS werden im Anschluss nach der Einführung der Streuungsmaße (Kap. 3.2) gegeben.

3.2 Streuungsmaße

3.2.1 Minimum, Maximum

Die einfachsten Streuungsmaße sind die Angabe von Minimum bzw. Maximum einer Stichprobe, also des kleinsten bzw. größten beobachteten Messwertes. Beide Werte können für alle intensiven Merkmale angegeben werden.

3.2.2 Varianz und daraus abgeleitete Größen

Die Varianz s^2 und die daraus abgeleiteten Größen sind nur für Merkmale geeignet, für die auch ein arithmetischer Mittelwert berechnet werden konnte (Voraussetzungen beachten!). s^2 - ein dimensionsloses, nicht real erfassbares Maß der Streuung - wird wie folgt definiert und berechnet:

$$s^2 = \frac{1}{n-1} \sum_{i=1}^{n} (x_i - \bar{x})^2 \qquad \text{(Definition)}$$

$$s^2 = \frac{1}{n-1} \left(\sum_{i=1}^{n} x_i^2 - \frac{1}{n} \left(\sum_{i=1}^{n} x_i \right)^2 \right) \qquad \text{(Arbeitsformel)}$$

Die Arbeitsformel wird im Folgenden zur Berechnung des Vergleichswertes V genutzt. Auch hier gilt es, die mathematischen Gesetzmäßigkeiten wie Kommutativ-, Distributiv- und Assoziativgesetz zu beachten.

Davon abgeleitet werden:

die **Standardabweichung** $\qquad s = \sqrt{s^2}$ (in Tabellen und Text anzugeben)

der **Standardfehler** $\qquad s_E = \dfrac{s}{\sqrt{n}}$ (in graph. Darstellung anzugeben)

BEISPIEL:

Für die Messwertreihe

127,8	126,6	126,2	118,7	126,4	126,3	122,2	135,1
119,2	126,4	136,2	127,1	123,6	125,8	119,1	

gilt:

$\Sigma x_i = 1886,7 \qquad \Sigma x_i^2 = 237667,89$

$$s^2 = \frac{1}{14} \cdot \left[237667,89 - \frac{1}{15} \cdot 1886,7^2 \right] = 25,63$$

Die Standardabweichung s und der Standardfehler s_E betragen demnach:

$$s = \sqrt{25{,}63} = 5{,}06 \qquad\qquad s_E = \frac{5{,}06}{\sqrt{15}} = 1{,}31$$

3.2.3 Quartil und Perzentil

Es existieren drei Werte, die eine Häufigkeitsverteilung in vier gleiche Teile zerlegen. Der zentrale Wert ist der Median, die anderen beiden bezeichnet man als unteres und oberes oder erstes und drittes **Quartil**. Quartil 1 (Q_1) ist der Endpunkt des ersten Viertels (25%) aller Werte in nach Größe geordneter Reihenfolge. Q_3 (drittes Quartil) ist der Punkt, der das Ende des dritten Viertels (75%) beschreibt. Damit sind die Quartile Bezeichnungen für Abschnitte in einem Abstand eines Viertels (25%) aller Werte. Perzentile sind Punkte im Abstand von einem Prozent aller Werte (1%). Dabei sind Perzentile einer Normalverteilung nach $\mu + z \cdot \sigma$ zu schätzen, etwa für das 2,5 Perzentil mit z = -1,96 und für das 97,5 Perzentil mit z = 1,96 (Werte z aus der Standardnormalverteilung).

Das 90. Perzentil (auch neuntes Dezil) für n = 148 aufsteigend geordneter Werte ist der $\dfrac{(148 + 1) \cdot 90}{100}$ = 134,1 = 134. Wert.

Hinweise für SPSS-Anwender

Viele Prozeduren in SPSS lassen die Berechnung der Lage- und Streuungsmaße zu. Der Aufruf erfolgt über:

Analysieren

Deskriptive Statistik

Explorative Datenanalyse...
(es muss im Menü *Statistiken - Deskriptive Statistik...* angewählt werden)

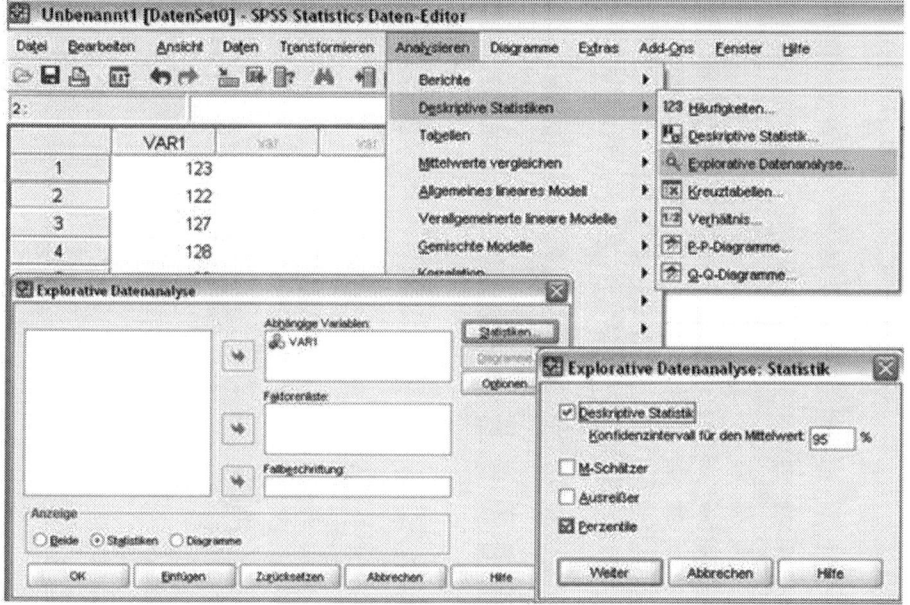

Abb. 12: Menüfenster zur Berechnung einer explorativen Datenanalyse

Da bei dieser Prozedur nicht unterschieden wird, welcher Merkmalstyp (ordinal/metrisch) vorliegt, ist bei der Übernahme der Ergebnisse Vorsicht geboten.

Die Ausgabe:

Verarbeitete Fälle

	Fälle					
	Gültig		Fehlend		Gesamt	
	N	Prozent	N	Prozent	N	Prozent
VAR1	15	100,0%	0	,0%	15	100,0%

Univariate Statistiken

			Statistik	Standard-fehler
VAR1	Mittelwert		125,7800	1,3071
	95% Konfidenzintervall des Mit-telwertes	Untergrenze	122,9766	
		Obergrenze	128,5834	
	5% getrimmtes Mittel		125,5944	
	Median		126,3000	
	Varianz		25,626	
	Standardabweichung		5,0622	
	Minimum		118,70	
	Maximum		136,20	
	Spannweite		17,50	
	Interquartilbereich		4,900	
	Schiefe		,609	,580
	Kurtosis		,568	1,121

Auf die Bedeutung des Konfidenzintervalls wird in Kap. 5 eingegangen.

Weiterhin können die Lage- und Streuungsmaße auch über den Aufruf von...

Analysieren

　　Deskriptive Statistik

　　　Deskriptive Statistik...

erreicht werden.

In der SPSS-Hilfe erreicht man alle Themen des 3. Kapitels über „*Explorative Datenanalyse*".

ZUSAMMENFASSUNG:

Kapitel 3 befasst sich mit einfachen Lage- und Streuungsmaßen von Stichproben. Diese Lage- und Streuungsmaße beschreiben eine Stichprobe von beliebiger Größe mit eindeutigen, schnell vergleichbaren Kennzahlen und bieten so eine erste Be-schreibung (deskriptive Statistik) der Untersuchungsdaten. Hierbei sind Lage- und Streuungsmaße für ordinale sowie metrische Daten angegeben.

4   Die Normalverteilung

Die Normalverteilung ist die Voraussetzung für die Einführung der Testverfahren für Lagemaße. Die Berechnungen, die die Signifikanz, also die Irrtumswahrscheinlichkeit bei Annahme von H_1 ausgeben, basieren auf mathematischen Verteilungen. Dabei wird es später darum gehen, die Häufigkeitsverteilung eines metrischen Merkmals mit einer bestimmten theoretischen Verteilung, nämlich der Normalverteilung, die nach bestimmten Vorschriften berechnet werden kann, zu vergleichen. Um eine Stichprobe auf Normalverteilung zu prüfen, wird zunächst die z-Transformation eingeführt. Nach Anwendung der z-Transformation ist ein Vergleich mit der Standardnormalverteilung möglich, die im zweiten Abschnitt dieses Kapitels besprochen wird. Danach wird das übliche Verfahren zum Test auf Normalverteilung (Kap. 4.3) vorgestellt. Die Normalverteilung ist u.a. Voraussetzung für die Gruppe der t-Tests oder auch Varianzanalyse, die in Kap. 5 und Kap. 8 besprochen werden.

4.1   z-Transformation

Gegeben sei der Mittelwert μ und die Standardabweichung σ einer Grundgesamtheit, bzw. entsprechende Schätzwerte ($\bar{x}$, s) aus den Stichproben. Dann gilt:

$$z_i = \frac{x_i - \mu}{\sigma} \quad \text{bzw.} \quad z_i = \frac{x_i - \bar{x}}{s}$$

Wenn Mittelwert und Standardabweichung aus der Stichprobe geschätzt wurden, ist für die transformierten Werte z_i der Mittelwert 0 und die Standardabweichung 1.

BEISPIEL:

Die Reaktionszeiten für eine Hand- und Fußbewegung werden z-transformiert. Mittelwerte und Standardabweichungen werden aus der Stichprobe (Spalten Fuß und Hand) ermittelt.

| Reaktionszeit | | z-Transformation | | |
Fuß	Hand	Z_Fuß	Z_Hand	Summe
0,095	0,123	-0,03	-0,36	-0,39
0,087	0,104	-0,07	-1,04	-1,11
0,091	0,117	-0,05	-0,57	-0,62
0,098	0,14	-0,02	0,25	0,23
0,145	0,184	0,22	1,82	2,04
0,088	0,11	-0,07	-0,82	-0,89
0,1	0,15	-0,01	0,61	0,60

Somit ist die z-Transformation eine Grundlage, um eine beliebige Stichprobe auf Normalverteilung zu überprüfen. Anhand des Wertes von z ist beispielsweise ersichtlich, auf welcher Seite – trägt man die Stichprobe auf einem x-y-Koordinatensystem auf – sich der untersuchte Wert x_i befindet. Die z-Transformation kann auch genutzt werden, um statistisch abgesicherte Leistungsvergleiche durchzuführen, z.B. wenn verschiedene Testergebnisse verglichen, oder wenn mehrere Testergebnisse zusammengefasst und im Sinne eines Mehrkampfergebnisses interindividuell verglichen werden sollen. Das Gesamtergebnis ist dann die Summe der z-Werte (z.B. Spalte SUMME im obigen Beispiel). Diese Summen werden auch als „z-Scores" bezeichnet. Dabei muss unbedingt auf die korrekte Orientierung geachtet und u.U. das Vorzeichen getauscht werden. Notwendig wird das beim Zusammenfassen von „z-Scores", etwa bei Laufzeiten, die besser werden, je kleiner sie sind oder bei Wurfweiten, die besser werden, je größer sie sind.

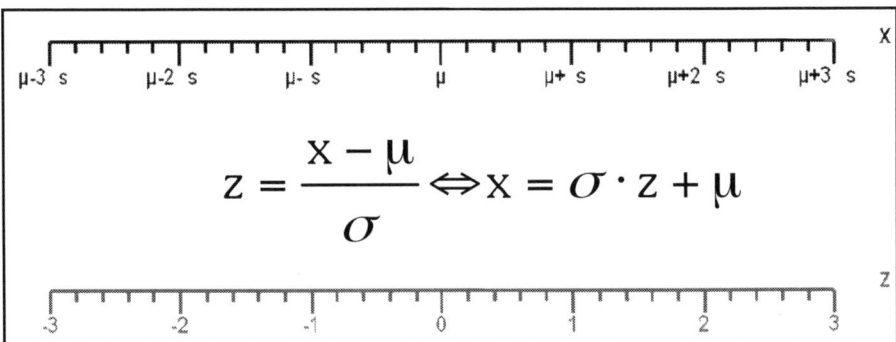

Abb. 13: Die Umrechnung der z-Transformation

Hinweise für SPSS-Anwender

Der Aufruf erfolgt über:

Analysieren

    Deskriptive Statistik

        Deskriptive Statistiken...

In diesem Fenster ist dann "Standardisierte Werte in Variablen speichern" anzufordern. Nach der Ausführung der Prozedur sind im Datenfenster die z-Werte unter dem Variablennamen zu finden, der jeweils mit z beginnt.

4.2 Standardnormalverteilung

Die Normalverteilung hängt nur von zwei Parametern, nämlich Mittelwert μ und Standardabweichung σ, ab. Eine Tabelle der Verteilung für alle denkbaren Konstellationen für μ und σ hätte einen unendlich großen Umfang und existiert daher nicht. Aus einer Standardnormalverteilung ($\mu = 0$ und $\sigma = 1$) lässt sich aber auf jede beliebige Normalverteilung schließen. Die Standardnormalverteilung ist also nur eine besondere Normalverteilung, die bereits alle entscheidenden Eigenschaften dieser Verteilungsform aufweist. Der folgende Vergleich soll die Unterschiede zwischen einer allgemeinen und der Standardnormalverteilung verdeutlichen:

Allgemeine Normalverteilung	Standardnormalverteilung
Mittelwert $\mu \in]-\infty, \infty[$	Mittelwert $\mu = 0$
Standardabweichung $\sigma \in]-\infty, \infty[$	Standardabweichung $\sigma = 1$
Symmetrie bzgl. $x = \mu \Rightarrow \Phi(\mu) = 0,5$	Symmetrie bzgl. der y-Achse (x=0) $\Rightarrow \Phi(0)=0,5$
Im Intervall [-1,+1] liegen 68,3% der Werte	Im Intervall [-1,+1] liegen 68,3% der Werte
Im Intervall [-2,+2] liegen 95,4% der Werte	Im Intervall [-2,+2] liegen 95,4% der Werte
Im Intervall [-3,+3] liegen 99,7% der Werte	Im Intervall [-3,+3] liegen 99,7% der Werte

Aus den letzten drei Eigenschaften lässt sich die sog. 3σ-Regel ableiten, mit der grob geprüft werden kann, ob eine Normalverteilung vorliegt. Weiterhin können durch die 3σ-Regel ebenfalls Ausreißer aussortiert werden.

Der Transfer auf eine beliebige Normalverteilung mit μ und σ ist durch eine inverse z-Transformation

$$x = \mu + \sigma \cdot z$$

möglich.

Der erste grobe Vergleich einer gegebenen Verteilung mit einer Normalverteilung besteht daher aus folgenden Schritten:

1. Berechnung von $\overline{x}$ und s aus der Stichprobe
2. Häufigkeitsauszählung mit folgenden Intervallgrenzen:

untere Grenze	obere Grenze
- ∞	$\overline{x}$ - 3s
$\overline{x}$ - 3s	$\overline{x}$ - 2s
$\overline{x}$ - 2s	$\overline{x}$ - s
$\overline{x}$ - s	$\overline{x}$ + s
$\overline{x}$ + s	$\overline{x}$ + 2s
$\overline{x}$ + 2s	$\overline{x}$ + 3s
$\overline{x}$ + 3s	∞

Histogramm

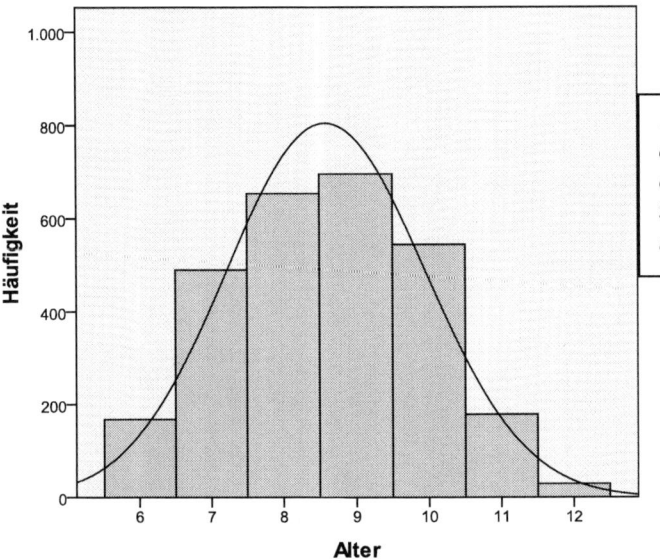

Mittelwert =8,58
Std.-Abw. =1,368
N =2.759

...auch in dieser Form des Diagramms werden Mittelwert und Standardabweichung angegeben!

Abb. 14: Darstellung eines Normalverteilungshistogramms in SPSS

4.3 Prüfung der Normalverteilung durch den Kolmogorov-Smirnov-Test

Da die 3σ-Regel nur einen groben Anhaltspunkt für die Normalverteilung liefert, sind objektive Testverfahren zur Überprüfung nötig. Diese werden aber stets nur mit einer gegebenen Wahrscheinlichkeit einen Widerspruch zum Vorliegen einer Normalverteilung nachweisen. So wie das Vorliegen einer Gleichverteilung nicht belegt werden kann, können auch hier nur Widersprüche zur Normalverteilung auf einem vorgegebenen Signifikanzniveau ausgeschlossen werden. Im Gegensatz zum χ^2-Test ist dieser Test auch anwendbar, wenn kleinere Stichproben vorliegen. Dementsprechend stellt er den Standardtest für die Überprüfung einer Normalverteilung dar. Den χ^2-Test oder andere Testverfahren auf Normalverteilung entnehmen Sie der Literatur!

1. Hypothesenbildung

   H_0: Die Stichprobe entstammt einer normalverteilten Grundgesamtheit
   H_1: Die Stichprobe entstammt nicht einer normalverteilten Grundgesamtheit

2. Wahl des Signifikanzniveaus α = 10% ($\rightarrow$ Dies ist ein Voraussetzungstest für folgende Verfahren; demnach wird eine geringere Grenze zum Nachweis von H_1 akzeptiert. Das bedeutet, dass die Normalverteilung früher widerlegt wird; so ist die Möglichkeit des fälschlichen Annehmens von H_0 verringert)

3. Der Grenzwert G wird aus der Tafel für den Kolmogorov-Smirnov-Test auf Normalverteilung in Abhängigkeit von α und n (Anhang, Tab. 2) entnommen.

4. Testgröße V

$$V = \frac{\max\left|F_B - F_E\right|}{n}$$

Dabei sind F_E die absoluten Erwartungs-, und F_B die absoluten Beobachtungssummenhäufigkeiten für alle vorkommenden Merkmalsausprägungen. Zur Ermittlung von F_E wird eine z-Transformation des jeweiligen Messwertes x vorgenommen. Dann gilt:

$$F_E = \phi(x) \cdot n$$

wobei (x) der Tabelle der Normalverteilung (Anhang, Tab.3) zu entnehmen ist. (Achtung, hier gilt es je nach Vorzeichen die richtige Spalte einzusehen)

5. Für V < G ist H_0 nicht widerlegt; für V $\geq$ G ist H_1 mit der Wahrscheinlichkeit $p \leq 5\%$ belegt.

BEISPIEL:

Folgende Beobachtungshäufigkeiten für Körpergrößen [cm] sollen mit einer erwarteten Normalverteilung verglichen werden:

Größe [cm]	175	177	178	179	180	182	185	187
B_i	1	3	2	4	2	4	3	1

1. H_0: Die Stichprobe entstammt einer normalverteilten Grundgesamtheit mit
   $\mu = 180,4 \pm 3,25$
   H_1: Die Grundgesamtheit ist nicht normalverteilt.

2 $\alpha = 10\%$

3. G ergibt sich aus der Tafel für $\alpha = 10\%$ und n = 20: G = 0,174.

4. Berechnung von V:

x [cm]	175	177	178	179	180	182	185	187
B	1	3	2	4	2	4	3	1
F_B	1	4	6	10	12	16	19	20 (= n)
z	-1,66	-1,05	-0,74	-0,43	-0,12	0,49	1,42	2,03
F(z)	0,048	0,147	0,230	0,334	0,452	0,688	0,922	0,979
F_E	1,0	2,9	4,6	6,7	9,0	13,8	18,4	19,6
$|F_B - F_E|$	0	1,1	1,4	3,3	3	2,2	0,6	0,4

$$V = \frac{3,3}{20} = 0,165$$

5. Für $\alpha = 10\%$ ist G = 0,174 > 0,165 = V $\Rightarrow$ H_0 ist nicht zu widerlegen. Es kann davon ausgegangen werden, dass eine Normalverteilung besteht.

Hinweise für SPSS-Anwender

Der Kolmogorov-Smirnov-Test kann über

Analysieren

   Nichtparametrische Tests

      K-S bei einer Stichprobe...

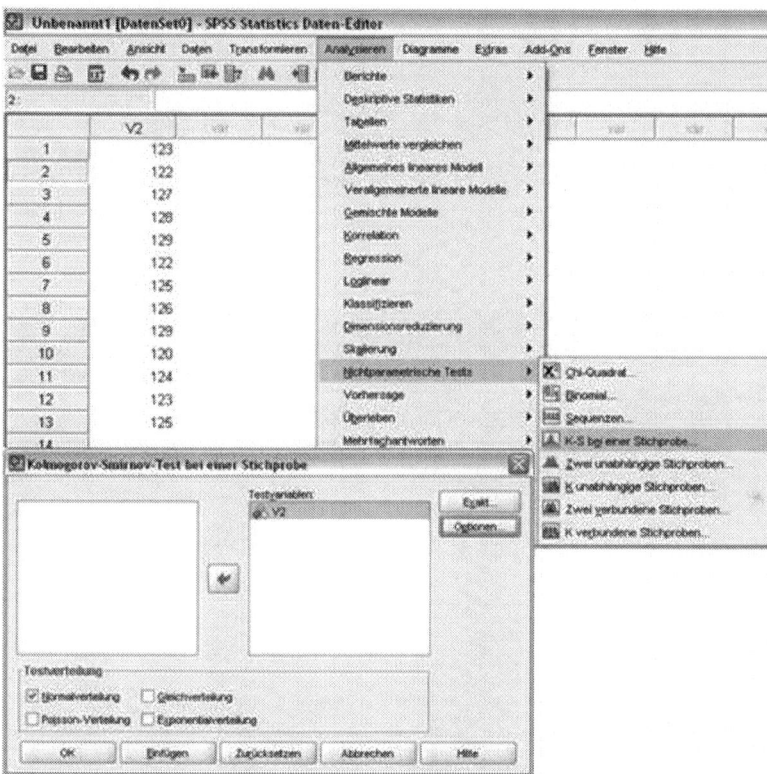

Abb. 15: Menüfenster zur Berechnung eines KS-Tests in SPSS

aufgerufen werden. Hier wird die Variable sowie die gewünschte Verteilungsform Normalverteilung ausgewählt (Voreinstellung). Im folgenden Beispiel wurde der Kolmogorov-Smirnov-Test auf Normalverteilung für die Variable V2 durchgeführt.

Kolmogorov-Smirnov-Anpassungstest

		V2
N		103
Parameter der Normalverteilung[a,b]	Mittelwert	9,781
	Standardabweichung	2,109
Extremste Differenzen	Absolut	0,051
	Positiv	0,051
	Negativ	-0,049
Kolmogorov-Smirnov-Z		0,521
Asymptotische Signifikanz (2-seitig)		0,949

a Die zu testende Verteilung ist eine Normalverteilung.
b Aus den Daten berechnet.

Ausgegeben werden die Differenzen zwischen erwarteter und beobachteter relativer Summenhäufigkeit und eine Testgröße für den Kolmogorov-Smirnov-Test, die äquivalent zur Testgröße V ist. Dabei sind die positiven oder negativen Differenzen, z-Werte „links (negative z-Werte) und rechts (positive z-Werte) des Mittelwertes", für die Berechnung voneinander getrennt. Hier wird erst nach Berechnung beider Größen der Absolute Differenzwert, also das Maximum der beiden Größen in den Kolmogorov-Smirnov-z-Wert umgerechnet (grau hinterlegt).

Die Irrtumswahrscheinlichkeit für die Alternativhypothese H_1 wird als "2-seitig", also als zweiseitige Irrtumswahrscheinlichkeit (hier: 0,949 = 94,9%), ausgegeben. Zum Begriff "Zweiseitig" siehe Kap. 5.

In der SPSS-Hilfe und in der Testsammlung erreicht man die Themen des 4. Kapitels über „Normalverteilung".

ZUSAMMENFASSUNG:

Kapitel 4 befasst sich mit der Normalverteilung, die eine wichtige Verteilungsform in der Statistik und Voraussetzung für eine Vielzahl von statistischen Analysen von metrischen Daten ist. Dabei wird die z-Transformation beschrieben, die eine Umrechnung auf eine Standardnormalverteilung oder auf eine einheitliche Basis in Form von 'z-Scores' mitbringt. Abschließend wird der KS-Test zur Überprüfung der Normalverteilung erläutert, der den gängigen Test auf Normalverteilung darstellt.

5 Verfahren der beurteilenden Statistik für Lagemaße

Aufgabe der beurteilenden Statistik ist es, aus einer Stichprobe wesentliche Informationen über die Grundgesamtheit zu erhalten (siehe Kap. 2. Eine Grundgesamtheit ist die Menge aller Ereignisse (Sachverhalte, Personen, Fälle), die als Realisierung einer Zufallsvariable möglich sind. Die Stichprobe ist Teil dieser Grundgesamtheit. Für intensive Merkmale können über die Häufigkeitsverteilung hinaus auch statistische Maßzahlen (z. B. Lage- und Streuungsmaße) untersucht werden. Die Messzahlen der Grundgesamtheit werden mit griechischen Buchstaben bezeichnet (theoretischer Mittelwert: μ; Standardabweichung σ ; im Gegensatz dazu: Maßzahlen der Stichprobe: Mittelwert: $\bar{x}$; Standardabweichung: s). Die Maßzahlen der Grundgesamtheit sind i.A. nicht direkt ermittelbar und können nur über die Stichprobenwerte abgeschätzt werden. Da man nicht alle Ereignisse erfassen kann, die zu einer Grundgesamtheit gehören, ist man auf die Untersuchung von Stichproben angewiesen. Sie erlauben z.B. eine Abschätzung von μ über den Mittelwert $\bar{x}$ der Stichprobe.

Häufig wird hierbei die Normalverteilung vorausgesetzt. D.h., das Schließen von der Stichprobe auf die Grundgesamtheit erfolgt unter der Annahme bzw. Voraussetzung, dass die Merkmalsausprägungen in der Grundgesamtheit normalverteilt sind. Ist dies nicht sichergestellt oder kann dies nicht überprüft werden, etwa weil der Stichprobenumfang zu gering erscheint, so muss nach alternativen Prüfverfahren Ausschau gehalten werden.

5.1 Konfidenzintervall für μ

Zunächst wird das sog. Konfidenzintervall für den Mittelwert der Grundgesamtheit μ berechnet. Das Konfidenzintervall gibt für eine vorgegebene Sicherheitswahrscheinlichkeit an, in welchem Intervall μ liegt. Eine genaue Angabe über die Größe μ der Grundgesamtheit ist nicht möglich. Dieses Intervall wird stets mit einer Sicherheitswahrscheinlichkeit γ (= 1-α) angegeben bzw. für diese berechnet. Es besteht also stets ein Zusammenhang der Sicherheitswahrscheinlichkeit und der Spannweite des Konfidenzintervalls. Im ersten Schritt wird nach dem Festlegen der Sicherheitswahrscheinlichkeit eine Hilfsgröße berechnet, die im Folgenden dann in einer Tabelle nachgeschaut wird. Je größer diese errechnete Hilfsgröße im ersten Schritt, desto größer das symmetrisch um μ errechnete Intervall. Dabei wird stets vorausgesetzt, dass die Merkmalsausprägungen normalverteilt sind. Außerdem wird bei dem hier vorgestellten Verfahren angenommen, dass die Varianz der Grundgesamtheit nicht bekannt ist, sondern über die Stichprobe abgeschätzt wird.

Das Konfidenzintervall wird symmetrisch um den Mittelwert der Stichprobe $\bar{x}$ herum konstruiert. Gesucht wird die Zahl, so dass für die vorgegebene Sicherheitswahrscheinlichkeit gilt:

$$\bar{x} - a \leq \mu \leq \bar{x} + a$$

Diese Zahl a kann nach folgendem Weg berechnet werden:

1. Hilfsgröße c ermitteln: c ist aus Tafel 4 im Anhang (Tabelle für t-Test) für $\alpha = \dfrac{1 - \gamma}{2}$ mit #FG = n-1 zu entnehmen.

2. Für a gilt dann: $a = c \cdot \dfrac{s}{\sqrt{n}} = c \cdot s_E$

BEISPIEL:

Für die Weitsprungweite einer Stichprobe sei gegeben:
$\bar{x} = 5{,}93m$; $s_E = 0{,}67m$; $n = 12$.

Gesucht sei das 95%ige Konfidenzintervall für die Grundgesamtheit, aus der die Stichprobe entstammt.

Für $\alpha = 2{,}5\%$ und #FG = 11 erhält man $c = 2{,}20$
$\Rightarrow a = 0{,}67 \cdot 2{,}20 = 1{,}474$

Folgende Aussagen sind möglich:

„Das Konfidenzintervall lautet dann:" oder
„Der Mittelwert der Grundgesamtheit befindet sich im Intervall:"

$$5{,}93m - 1{,}47m \leq \mu \leq 5{,}93m + 1{,}47m \Rightarrow \mathbf{4{,}46m \leq \mu \leq 7{,}40m}$$

5.2 Allgemeine Hinweise für Mittelwertvergleiche

Für den Mittelwertvergleich muss zunächst das richtige Testverfahren ausgewählt werden. Vorausgesetzt wird in jedem Fall, dass es sich um intensive Merkmale handelt. Im Folgenden sollen genau zwei Mittelwerte verglichen werden. Sind mehr als zwei Werte untereinander zu vergleichen, sind die vorgestellten Verfahren nur bedingt brauchbar. In solchen Fällen kommt es zur Varianzanalyse, die in Kap. 8 beschrieben wird.

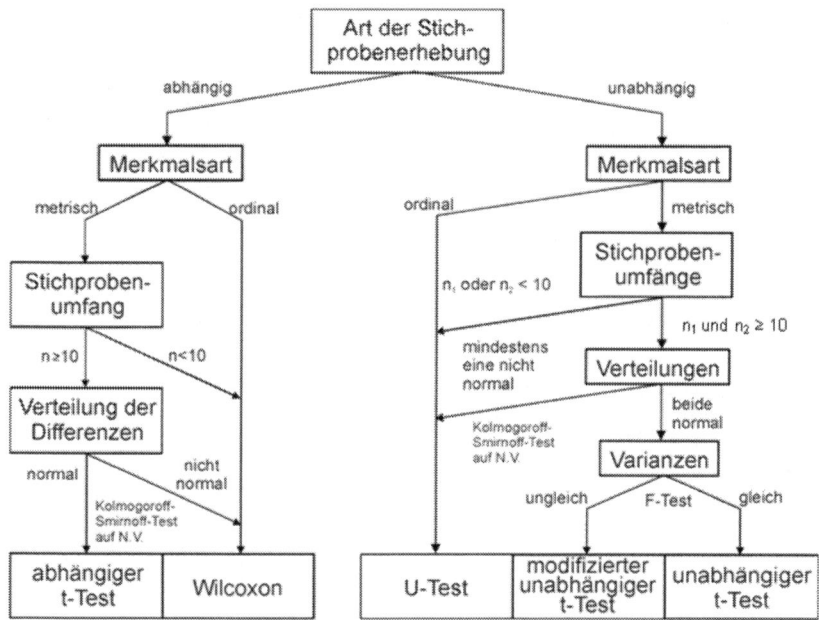

Abb. 16: Entscheidungsdiagramm für Mittelwertvergleiche

Das Entscheidungsdiagramm soll helfen, den richtigen Test für die vorliegenden Bedingungen zu finden. Die erste Entscheidung ist zwischen einem Test für abhängige und für unabhängige (siehe Kap. 2) Stichproben zu fällen. Dies hängt unmittelbar von dem Testdesign, also dem Untersuchungshergang ab. Weitere Entscheidungen fragen nach dem Merkmalstyp (ordinal – metrisch, Kap. 1), dem Stichprobenumfang und nach der Normalverteilung (Tests dazu siehe Kap. 4). Wenn möglich sollte ein t-Test-Verfahren gewählt werden. Im Vergleich zu den nichtparametrischen Ausweichverfahren des Wilcoxon- oder U-Tests weist es eine höhere „Power" auf!

Als Besonderheit ist bei der Hypothesenbildung auf die ein- oder zweiseitige Fragestellung zu achten. Zweiseitig bedeutet die einfache Negation der Nullhypothese: Ungleichheit, es ist also nicht klar ob "<" oder ">". Wenn jedoch aus schon vorliegenden

Erkenntnissen eine Relation ausgeschlossen wird, kann die Alternativhypothese entsprechend eingeengt bzw. gerichtet werden. Damit wird auch die Signifikanzüberprüfung schneller erfolgreich, da hierbei die errechnete zweiseitige Signifikanz halbiert werden kann. Dabei nutzt man Vorkenntnisse aus der deskriptiven Untersuchung, um eine Richtung der Veränderung zu ermitteln. So wird schneller das Signifikanzniveau unterschritten und es kann H_1 schneller belegt werden.

5.3 Mittelwertvergleiche bei abhängigen Stichproben

Abhängige Stichprobenvergleiche können angewendet werden, wenn die Objekte der Stichproben identisch sind. Jedes Objekt wird unter den verschiedenen Bedingungen untersucht. Die Versuchspläne sollten immer so ausgerichtet sein, dass möglichst abhängige Testverfahren angewendet werden können.

5.3.1 Abhängiger t-Test

Bei abhängigen Stichproben wird deren Differenz $d_i = x_i - y_i$ (x_i: erste Messung, y_i: zweite Messung) geprüft. Anhand der Stichprobendifferenz wird nun untersucht, ob die Differenz der Grundgesamtheit δ gleich Null ist. Wenn dies der Fall ist, die Differenzen also gleichermaßen in positive wie negative Richtung tendieren, dann ist der untersuchte Einfluss (Unterschied zwischen 1. und 2. Messung) nicht nachweisbar. Ein entsprechendes statistisches Verfahren für den gepaarten Mittelwertvergleich ist der abhängige (gepaarte) t-Test, für dessen Einsatz folgende Voraussetzungen erfüllt sein müssen (vgl. auch Entscheidungshilfe Kap. 5.2):

- es muss sich um ein metrisches Merkmal handeln;
- $n \geq 10$;
- die Differenzen müssen normalverteilt sein;
- die Varianz von δ ist unbekannt.

Hierzu sind folgende Arbeitsschritte nötig:
1.   Hypothesenbildung
      H_0: $\delta = 0$
      H_1: $\delta < 0$
      Anmerkung: Die einfache Negation der Nullhypothese wäre $\delta \neq 0$. Damit wären beide Richtungen, also $\delta < 0$ und $\delta > 0$ zulässig (zweiseitige Fragestellung). Wenn bereits vor Beginn der Untersuchung eine Richtung ausgeschlossen werden kann, weil sie nach Ansicht der Daten nicht plausibel ist, also entweder nur $\delta < 0$ oder $\delta > 0$ zutreffen kann, so spricht man von einer einseitigen Fragestellung. Das setzt aber auch voraus, dass zumindest "tendenziell" bereits die mittlere Differenz der Stichprobe $\overline{d}$ plausibel ist und das entsprechende Vorzeichen aufweist (siehe auch Beispiel unten).

2. Signifikanzniveau α festlegen

3. Kritischer Grenzwert G aus Tabelle für den t-Test (siehe Anhang Tab. 4) bestimmen; Anzahl der Freiheitsgrade #FG = n - 1 (n = Anzahl der Differenzen, bzw. Stichprobenumfang; #FG immer nach unten abrunden, wenn der genaue Wert für #FG nicht tabelliert ist; im Zweifelsfall wird hierbei die Nullhypothese nicht verworfen und so ist die abschließende Entscheidung konservativ und sicherer).

4. Berechnung der mittleren Differenz und des Standardfehlers der Differenz aus

   den Stichprobendaten und die Vergleichsgröße V bestimmen: $V = \dfrac{|\bar{d}|}{s_E}$

5. Vergleich von kritischer Grenze G und Vergleichsgröße V

   $V < G \Rightarrow H_0$ kann nicht widerlegt werden

   $V \geq G \Rightarrow H_1$ wird mit der Irrtumswahrscheinlichkeit $p \leq \alpha$ angenommen

BEISPIEL:

Weitsprungleistungen vor (x) und nach (y) einem Training sollen bei 12 Athleten verglichen werden. Die Datenerhebung ergab:

VNr	x_i	y_i	$x_i - y_i = d_i$	d_i^2
1	5	5	-0,4	0,2
2	7	7	0,2	0
3	4	4	-0,2	0
4	4	5	-0,5	0,3
5	5	6	-0,8	0,6
6	6	5	0,2	0
7	4	4	-0,5	0,3
8	5	5	-0,4	0,2
9	6	6	0	0
10	7	7	-0,3	0,1
11	6	5	0,4	0,2
12	7	6	0,7	0,5

(Zu Spalte 4/5 siehe Schritt 4)

Hypothesenbildung

1. H_0: $\delta = 0$, d.h. das Training hat keinen Einfluss
    H_1: $\delta < 0$, d.h. die Sprungweite wurde durch das Training verbessert (einseitige Fragestellung).

    Anmerkung: Die Richtung $\delta > 0$ wurde ausgeschlossen, da zumindest die gleiche Leistung *im Mittel* erreicht werden sollte (zweiseitige Fragestellung). Die mittlere Tendenz belegt diese Richtung (siehe $\bar{d}$ in Schritt 4).

2. Das Signifikanzniveau wird mit $\alpha = 1\%$ festgelegt (Signifikanzniveaus 1%, 5%, 10% und andere können gewählt werden. Je kleiner α desto größer die Informationsqualität).

3. G aus Tabelle für den t-Test (Anhang Tab. 4) mit #FG = 11 ergibt: G = 2,72

4. Berechnung von V:

$$\bar{d} = \frac{1}{n} \cdot \sum d_i = \frac{-1,6}{12} = -0,13$$

$$s_E = \frac{\sqrt{\frac{1}{(n-1)} \cdot \left[\sum d_i^2 - \frac{1}{n} \cdot \left(\sum d_i \right)^2 \right]}}{\sqrt{n}} = \frac{0,44}{\sqrt{12}} = 0,13$$

Diese Formeln sind in Kap. 3 bereits beschrieben worden. Die Differenz ist in Anlehnung an den arithmetischen Mittelwert konstruiert. Der Standardfehler ist durch Berechnung der Wurzel der Varianz dividiert durch die Wurzel aus n zu berechnen.

Es wird also die Differenz von Spalte x zu Spalte y berechnet und diese unter Beibehaltung des Vorzeichens durch die Anzahl der Probanden dividiert. Hiernach wird über die Berechnung der Standardabweichung der Standardfehler berechnet. Abschließend wird unter Nutzung der beiden Größen V festgestellt.

5. Da V = 1 < 2,72 = G ist, folgt: H_0 kann nicht widerlegt werden. Das Training hatte keinen nachweisbaren Einfluss auf die Sprungweite.

Der abhängige t-Test kann über

 Analysieren

  Mittelwerte vergleichen

   t-Test bei gepaarten Stichproben...

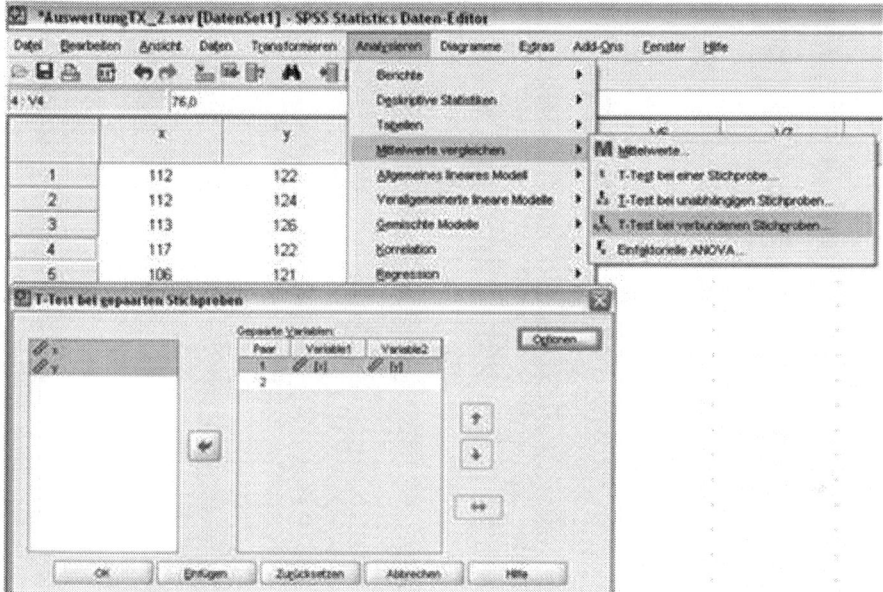

Abb. 17: Menüfenster zur Berechnung eines Abhängigen t-Test in SPSS

berechnet werden. In diesem Fenster sind die zu vergleichenden Variablen anzugeben. Im Unterfenster *Optionen...* kann noch das Konfidenzintervall für die Differenz angefordert werden. Die Analyse der o.a. Beispieldaten ergibt folgenden Ausdruck:

t-Test

Statistik bei gepaarten Stichproben

		Mittelwert	N	Standard-abweichung	Standardfehler des Mittelwertes
Paare	x	5,3667	12	1,1586	0,3345
	y	5,5000	12	0,9506	0,2744

Korrelationen bei gepaarten Stichproben

		N	Korrelation	Signifikanz
Paare	x & y	12	0,933	0,000

Test bei gepaarten Stichproben

Gepaarte Differenzen		Mittel-wert	Standard-abweichung	Standard-fehler des Mittelwertes	95% Konfidenz-intervall der Differenz		T	df	Sig.
					Untere	Obere			(2-seitig)
Paare	x-y	-0,13	0,44	0,13	-0,41	0,15	-1,06	11	0,31

Die obere Tabelle enthält die deskriptiven Werte für die Variablen. Die mittlere Tabelle gibt den Pearson`schen Korrelationskoeffizienten mit dem zugehörigen Signifikanztest (zweiseitig) an. Näheres zu dieser Größe folgt in Kap. 6. In der unteren Tabelle werden die t-Testergebnisse angezeigt. In der linken Hälfte werden die Maßzahlen für die Differenzen der beiden Stichproben dargestellt. So ist der „Mittelwert" der Differenzberechnung in Schritt 4 gleichzusetzen. Der Standardfehler und die Standardabweichungen werden ebenfalls nach den Formeln berechnet, die auch in Schritt 4 genutzt werden. Hiernach folgt das Konfidenzintervall, welches im Beispiel zwischen -0,41 und 0,15 liegt. Das heißt, dass der Mittelwert der Differenzen der Grundgesamtheit mit 95% Sicherheitswahrscheinlichkeit im angegebenen Bereich liegt. Die rechte Hälfte enthält die Vergleichsgröße V (V = "T"), die Anzahl der Freiheitsgrade („df") und die *zweiseitige* Irrtumswahrscheinlichkeit („sig") für das Zutreffen der Alternativhypothese. Die Irrtumswahrscheinlichkeit für eine einseitige Alternative H_1 kann durch Halbierung der zweiseitigen Irrtumswahrscheinlichkeit errechnet werden. In dem aufgeführten Beispiel wird die zweiseitige Irrtumswahrscheinlichkeit mit "0,314" angegeben. Sie ist also nicht < 0,05%. In diesem Fall wäre auch die einseitige Irrtumswahrscheinlichkeit nach Halbierung von 0,314 immer noch deutlich größer als 5%.

In der SPSS-Hilfe und in der Testsammlung erreicht man den abhängigen t-Test über „*Mittelwertvergleiche – Abhängiger t-Test*".

5.3.2 Wilcoxon-Test

Sind die Voraussetzungen zum abhängigen t-Test nicht erfüllt oder fraglich, so bietet der Wilcoxon-Test eine nichtparametrische Alternative. Dieser Test ist ein verteilungsfreier Test für abhängige Stichproben. Als einzige Voraussetzung muss eine eingipflige Verteilung der Differenzen gefordert werden.

Arbeitsschritte des Tests:

1. Hypothesenbildung
    H_0: $\delta = 0$
    H_1: $\delta \neq 0$ (bzw. $\delta > 0$ oder $\delta < 0$; einseitige Fragestellung)

2. Signifikanzniveau α festlegen

3. Kritischer Grenzwert G aus Tabelle für den Wilcoxon-Test (siehe Anhang Tab. 5) bestimmen; als n ist hierbei die **Anzahl der Differenzen ≠ 0** zu berücksichtigen. (sog. *Nulldifferenzen* unberücksichtigt lassen)

4. Ordnen der Differenzen *dem Betrage nach* (aufsteigend), mit der Vergabe von Rängen. Bei gleichen Beträgen wird der *mittlere Rang* vergeben. Nulldifferenzen werden nicht berücksichtigt (siehe Schritt 3)! Die Ränge der positiven bzw. der negativen Differenzen werden aufsummiert (Rangsummen R_+ bzw. R_-).

    Zur Probe auf grobe Rechen- und Ordnungsfehler: $R_+ + R_- = \dfrac{n \cdot (n + 1)}{2}$

    Dann gilt: $V = \min (R_+ , R_-)$

5. Vergleich von kritischer Grenze G und Vergleichsgröße V
    $V > G \Rightarrow H_0$ kann nicht widerlegt werden
    $V \leq G \Rightarrow H_1$ wird mit der Irrtumswahrscheinlichkeit $p \leq \alpha$ angenommen

BEISPIEL:

Beim Kunstturnen sollen die Noten zweier Kampfrichter (A, B) verglichen werden:

Nr. des Turners	Note		$d_i = x_i - y_i$	Rang für d_i	
	Kampfrichter A (x_i)	Kampfrichter B (y_i)		-	+
1	7,5	7,8	-0,3	8,5	
2	6,8	7,1	-0,3	8,5	
3	9,5	9,4	0,1		2,5
4	6,9	6,8	0,1		2,5
5	8,9	9,5	-0,6	12,0	
6	9,4	9,6	-0,2	6,0	
7	8,6	8,7	-0,1	2,5	
8	5,4	6,8	-1,4	14,0	
9	7,9	7,7	0,2		6,0
10	8,1	8,1	0,0	----------------	
11	6,3	6,7	-0,4	10,5	
12	9,1	9,5	-0,4	10,5	
13	4,3	5,0	-0,7	13,0	
14	8,0	8,2	-0,2	6,0	
15	9,2	9,1	0,1		2,5
			Σ:	$R_+ = 13,5$	
				$91,5 = R_-$	

Für jedes "Objekt" wurden zwei Messungen vorgenommen. Ausgehend von den Probanden handelt es sich also um einen abhängigen Stichprobenvergleich. Da es sich bei Kunstturnnoten um ein ordinales Merkmal handelt, **muss** der Wilcoxon-Test verwendet werden. Die Dezimalstelle hat hierbei keine Bedeutung im Sinne eines metrischen Merkmals.

1. Hypothesenbildung:
   H_0: $\delta = 0$, d.h. beide Kampfrichter werten die Turner im Mittel gleich.
   H_1: $\delta < 0$, d.h. Kampfrichter B vergibt höhere Noten (einseitige Fragestellung). Hierbei wird vorausgesetzt, dass Kampfrichter B tendenziell bessere Noten vergibt, was man nach Ansicht der Differenzen erkennen kann. (10 von 15 Differenzen sind negativ!)

2. Das Signifikanzniveau wird mit $\alpha = 5\%$ festgelegt.

3. G aus Tabelle für den Wilcoxon-Test (Anhang Tab. 5) mit n = 14 entnehmen (eine Differenz entfällt wegen d_{10} = 0): G = 25 (Spalte „einseitig").

4. In der obigen Datentabelle sind bereits die Ränge der Differenzbeträge und die Rangsummen R_+ und R_- eingearbeitet. Die Probe ergibt:

$$R_+ + R_- = 105 = \frac{n \cdot (n+1)}{2} = \frac{14 \cdot (14+1)}{2}$$
$$V = \min(91{,}5\,,\,13{,}5) = 13{,}5$$

5. Da V = 13,5 < 25 = G ist, folgt: H_1 gilt mit $p \le \alpha$. Wertungsrichter B vergibt signifikant höhere Noten als Wertungsrichter A.

Hinweis für SPSS-Anwender

Der Wilcoxon-Test gehört bei SPSS zur Gruppe der nichtparametrischen Tests. Man kann den Wilcoxon-Test wie folgt aufrufen:

Analysieren

    Nichtparametrische Tests

        Zwei verbundene Stichproben...

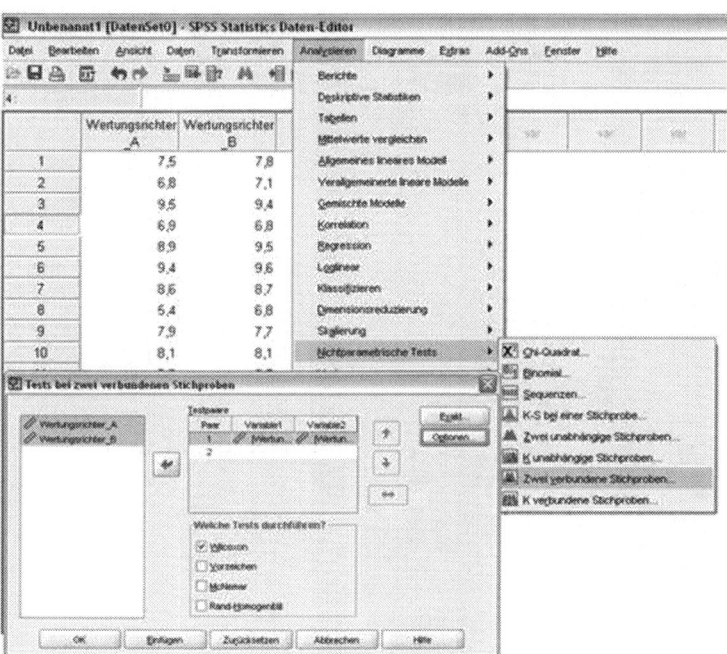

Abb. 18: Menüfenster zur Berechnung eines Wilcoxon-Tests in SPSS

In diesem Fenster müssen der Wilcoxon-Test und die zu nutzenden Variablenpaare ausgewählt werden. Die Ausgabe gibt die mittleren Ränge der negativen (im Beispiel unten: x < y) und der positiven (im Beispiel unten: x > y) sowie die Anzahl der Fälle mit gleichen Werten (Bindungen = keine Veränderung bzw. kein Unterschied) für die untersuchten Variablen an. Wie beim t-Test wird auch hier die zweiseitige Irrtumswahr-scheinlichkeit für die Alternativhypothese H_1 angegeben (im Beispiel unten P = 0,014 = 1,4%). Durch Halbierung des zweiseitigen P-Wertes erhält man die einseitige Irrtumswahrscheinlichkeit (hier: P = 0,7%).

In der SPSS-Hilfe und in der Testsammlung erreicht man den Wilcoxon-Test über „*Mittelwertvergleiche - Wilcoxon-Test*".

Wilcoxon-Test

Ränge		N	Mittlerer Rang	Rangsumme
Wertungsrichter B - Wertungsrichter A	Negative Ränge	4[a]	3,38	13,50
	Positive Ränge	10[b]	9,15	91,50
	Bindungen	1[c]		
	Gesamt	15		

a. Wertungsrichter B < Wertungsrichter A (B gibt niedrigere Noten als A)
b. Wertungsrichter B > Wertungsrichter A (B gibt höhere Noten als A)
c. Wertungsrichter B = Wertungsrichter A (B und A bewerten gleich hoch)

Der mittlere Rang beschreibt die Stichprobe. Je kleiner der mittlere Rang, desto geringer die Rohwerte, die der Berechnung zu Grunde liegen. Im vorliegenden Beispiel kann anhand der mittleren Ränge erkannt werden, dass die Richtung nicht zu B < A sondern zu B > A tendieren muss! Die Rangsumme ist die Summe aller Ränge.

Statistik für Test[b]

	Wertungsrichter B - Wertungsrichter A
Z	-2,458[a]
Asymptotische Signifikanz (2-seitig)	,014

a Basiert auf negativen Rängen.
b Wilcoxon-Test

5.4   Mittelwertvergleiche für unabhängige Stichproben

5.4.1 Unabhängiger t-Test

5.4.1.1 *F-Test zum Vergleich der Varianzen*

Die Entscheidungshilfe in Kap. 5.2 weist aus, dass vor der Durchführung eines t-Tests für unabhängige Stichproben auf Ungleichheit der **Varianzen** geprüft werden muss. Für eine objektive Entscheidung hierüber kann der F-Test genutzt werden. Dabei ist zu beachten, dass die größere Standardabweichung bzw. Varianz immer als Stichprobe A gilt. Im weiteren Verlauf des folgenden Tests muss dies ebenfalls übernommen werden.

1. Hypothesenbildung: H_0: $\sigma_A^2 = \sigma_B^2$

   H_1: $\sigma_A^2 > \sigma_B^2$

   → s = Standardabweichung in der Grundgesamtheit

   → s^2 = Varianz der Grundgesamtheit

2. Wahl des Signifikanzniveaus α (10% sinnvoll, wenn damit die Voraussetzungen zum unabhängigen t-Test überprüft werden! (siehe Kap. 4.3))

3. G aus Tafel der F-Verteilung (Tab. 6a im Anhang) mit #FG=[(n_A-1);(n_B-1)] =[v_A,v_B] bestimmen (#FG immer nach unten abrunden, wenn der genaue Wert für #FG nicht tabelliert ist).

4. Die Vergleichsgröße V aus der Stichprobe ergibt sich nach:

$$V = \frac{s_A^2}{s_B^2}$$

5. $V < G \Rightarrow H_0$ kann nicht abgelehnt werden

   $V \geq G \Rightarrow H_1$ wird mit $p \leq \alpha$ angenommen

BEISPIEL:

Die Stichprobenvarianzen $s_A^2 = 7{,}4$ ($n_A = 25$) und $s_B^2 = 3{,}5$ ($n_B = 19$) sollen auf einen Unterschied in der Grundgesamtheit untersucht werden.

1. Hypothesenbildung:
   $H_0: \sigma_A^2 = \sigma_B^2$
   $H_1: \sigma_A^2 > \sigma_B^2$

2. Wahl des Signifikanzniveaus: $\alpha = 10\%$

3. G aus Tafel der F-Verteilung (Tab. 6 im Anhang) mit #FG = [24, 18] bestimmen:
   $G = 1{,}84$

4. Berechnung von V: $V = \dfrac{s_A^2}{s_B^2} = \dfrac{7{,}4}{3{,}5} = 2{,}11$

5. $V = 2{,}11 \geq 1{,}84 = G \Rightarrow H_1$ wird mit $p \leq \alpha$ angenommen, d.h. die Varianzen der Grundgesamtheit werden als unterschiedlich angenommen.

5.4.1.2 Unabhängiger t-Test bei gleichen Varianzen

Ein Test zur Prüfung von unabhängigen Mittelwerten ist der unabhängige t-Test. Er dient dem Vergleich zweier unabhängiger Stichproben und wird immer dann eingesetzt, wenn folgende Voraussetzungen erfüllt sind:

- Es muss ein metrisches Merkmal vorliegen.
- Die Stichprobengrößen müssen hinreichend groß sein (jeweils $n \geq 10$).
- Die Merkmalsausprägungen in den jeweiligen Grundgesamtheiten müssen normalverteilt sein (siehe KS-Test, Kap. 4.3).
- Es darf kein Widerspruch zur Annahme der Gleichheit der Varianzen vorliegen (siehe F-Test, Kap. 5.4.1.1).

Sind die ersten drei Voraussetzungen nicht erfüllt, so stellt der Mann-Whitney-U-Test (kurz: U-Test, siehe Kap. 5.4.2) eine nichtparametrische Alternative dar. Sind nur die Varianzen ungleich, dann wird der unabhängige t-Test aus Kap. 5.4.1.3 eingesetzt.

Folgende Arbeitsschritte sind durchzuführen:

1. Hypothesenbildung

   H_0: $\mu_A = \mu_B$ Mittelwerte μ_A und μ_B der Grundgesamtheiten sind gleich

   H_1: $\mu_A < \mu_B$ (einseitige Alternativhypothese). Mittelwerte der Gruppe A sind kleiner als die der Gruppe B.

2. Signifikanzniveau α wählen

3. Die kritische Grenze G muss aus der Tafel für den t-Test (Tab.4) mit #FG = $n_A + n_B$ - 2 entnommen werden (#FG immer nach unten abrunden, wenn der genaue Wert für #FG nicht tabelliert ist).

4. Berechnung einer Vergleichsgröße V aus den Stichproben nach:

$$V = \sqrt{\frac{n_A \cdot n_B (n_A + n_B - 2)}{n_A + n_B}} \cdot \frac{\left| \overline{x}_A - \overline{x}_B \right|}{\sqrt{(n_A - 1) \cdot s_A{}^2 + (n_B - 1) \cdot s_B{}^2}}$$

5. Vergleich von G und V

   V < G: $\Rightarrow H_0$ kann nicht verworfen werden

   V $\geq$ G: $\Rightarrow H_1$ wird mit einer Irrtumswahrscheinlichkeit p $\leq \alpha$ belegt

BEISPIEL:

In zwei Gruppen wurden 100m-Laufzeiten [s] ermittelt. Es handelt sich bei Laufzeiten um ein metrisches Merkmal. Es soll geprüft werden, ob die Grundgesamtheiten, aus denen die Stichproben entstammen, unterschiedlich sind. Es wird vorausgesetzt, dass die Normalverteilungen in beiden Grundgesamtheiten gegeben und die Varianzen homogen sind. Die Beschränkung auf eine einseitige Alternativhypothese wird als gerechtfertigt angenommen.

$$\overline{x}_A = 13{,}5 \quad s_A{}^2 = 1{,}8 \quad n_A = 20$$
$$\overline{x}_B = 12{,}4 \quad s_B{}^2 = 1{,}5 \quad n_B = 18$$

1. H_0: $\mu_A = \mu_B$
   H_1: $\mu_A > \mu_B$
2. Das Signifikanzniveau wird mit α = 5 % festgelegt.
3. #FG = 20 + 18 - 2 = 36 $\Rightarrow$ G = 1,70
4. $V = \sqrt{\dfrac{20 \cdot 18 \cdot 36}{38}} \cdot \dfrac{\left|13{,}5 - 12{,}4\right|}{\sqrt{19 \cdot 1{,}8 + 17 \cdot 1{,}5}} = \sqrt{341{,}05} \cdot \dfrac{1{,}1}{\sqrt{59{,}7}} = 2{,}59$
5. G = 1,70 < 2,59 = V

   Also ist H_1 ($\mu_A > \mu_B$) mit der Irrtumswahrscheinlichkeit p $\leq$ 5% abgesichert. Die Mittelwerte der Gruppe A sind signifikant höher als die der Gruppe B.

5.4.1.3 *Unabhängiger t-Test bei ungleichen Varianzen*

Bei Vorliegen ungleicher Varianzen sind die Arbeitsschritte 1, 2 und 5 identisch zum unabhängigen Test bei gleichen Varianzen (Kap. 5.4.1.2). Es muss darauf geachtet werden, dass die "erste" Stichprobe ("A") die größte Varianz aufweist. Ggf. muss die Hypothesenbildung angepasst werden ($s_A^2 > s_B^2$).

Arbeitsschritte 3 und 4:

3. Zunächst die Anzahl der Freiheitsgrade #FG berechnen: "c" dient dabei als Hilfsgröße und Variable:

$$c = \frac{\dfrac{s_A^2}{n_A}}{\dfrac{s_A^2}{n_A} + \dfrac{s_B^2}{n_B}} \Rightarrow \#FG = \frac{1}{\dfrac{c^2}{n_A - 1} + \dfrac{(1-c)^2}{n_B - 1}}$$

4. Die Vergleichsgröße V ergibt sich dann nach:

$$V = \frac{|\bar{x}_A - \bar{x}_B|}{\sqrt{\dfrac{s_A^2}{n_A} + \dfrac{s_B^2}{n_B}}}$$

BEISPIEL:

Es werden wiederum Laufzeiten [s] in zwei Gruppen verglichen. Die Varianzen in den Grundgesamtheiten werden als unterschiedlich angenommen.

$\overline{x}_A = 11,94$	$s_A^2 = 1,66$	$n_A = 22$
$\overline{x}_B = 12,92$	$s_B^2 = 0,29$	$n_B = 20$

Damit ist die Bedingung $s_A^2 > s_B^2$ erfüllt. Die Beschränkung auf eine einseitige Fragestellung ist somit gerechtfertigt.

1. H_0: $\mu_A = \mu_B$
   H_1: $\mu_A < \mu_B$ (in Übereinstimmung mit den Stichprobenwerten!)

2. $\alpha = 5\,\%$

3. $c = \dfrac{\dfrac{1,66}{22}}{\dfrac{1,66}{22} + \dfrac{0,29}{20}} = 0,89$ $\#\,FG = \dfrac{1}{\dfrac{0,79}{21} + \dfrac{0,01}{19}} = 25$

   $\Rightarrow G = 1,71$

4.
   $V = \dfrac{|11,29 - 12,92|}{\sqrt{\dfrac{1,66}{22} + \dfrac{0,29}{20}}} = 5,43$

   Bei der Berechnung der FG kann auf Rundungen verzichtet werden, da das Ergebnis den Grenzwert beeinflusst. Die Werte der SPSS-Ausgabe geben die genau berechneten Freiheitsgrade an. Bei Berechnung von V sollte wieder auf zwei Stellen gerundet werden.

5. $V = 5,43 > 1,71 = G \Rightarrow H_1$ ist mit der Irrtumswahrscheinlichkeit $p \leq 5\,\%$ abgesichert. Gruppe B weist mit $p \leq 5\%$ größere Mittelwerte auf als Gruppe A.

Hinweis für SPSS-Anwender

Bei der Durchführung eines t-Tests für unabhängige Stichproben werden gleich drei Tests angewendet: der F-Test und die t-Tests für gleiche und ungleiche Varianzen. Der Aufruf erfolgt über:

Analysieren

   Mittelwertvergleiche

      t-Test bei unabhängigen Stichproben...

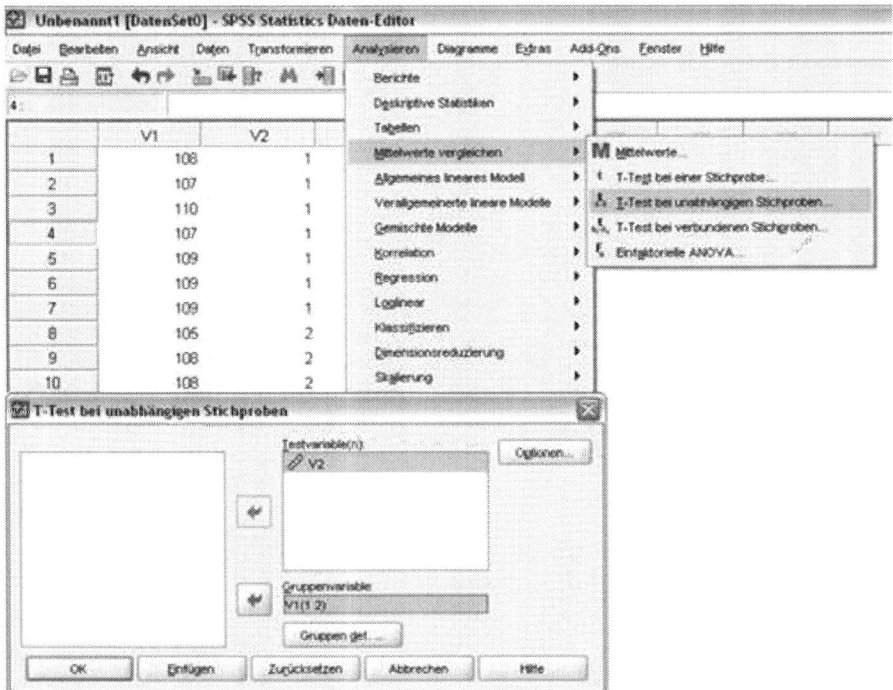

Abb. 19: Menüfenster zur Berechnung eines Unabhängiger t-Test in SPSS

In dem geöffneten Fenster können die zu untersuchenden Merkmale festgelegt werden. Dazu wird die Variable definiert, anhand der die Gruppenzuordnung vorgenommen wird. Im aufgeführten Beispiel wurde die Variable V1 als Gruppenvariable ausgewählt und der Vergleich für die Variable V2 durchgeführt. Bei der Gruppendefinition ("*Gruppen def. ...*") kann entweder ein Trennwert eingegeben werden oder zwei konkrete Merkmalsausprägungen (im Beispiel 1 und 2) zur Gruppenbildung genutzt werden, wenn das Feld "Gruppenvariable" markiert ist.

t-Test

Gruppenstatistiken

	V1	N	Mittelwert	Standardabweichung	Standardfehler
V2	1	22	11,9428	1,28945	0,27491
	2	20	12,915	0,54452	0,12176

Test bei unabhängigen Stichproben

		Levene-Test der Varianzgleichheit		t-Test für die Mittelwertgleichheit		
		F	Signifikanz	T	df	Sig. (2-seitig)
V2	Varianzen sind gleich	6,195	0,017	-3,126	40	0,003
	Varianzen sind nicht gleich			-3,234	28,821	0,003

Aufgrund des F-Tests auf Gleichheit der Varianzen, der in SPSS als "Levene's Test" durchgeführt wird, muss in dem abgedruckten Beispiel ein signifikanter Unterschied der Varianzen ($p \leq 0,1 = 10\%$) festgestellt werden (hier: 1,7%). Es darf also nur der unabhängige t-Test für ungleiche Varianzen interpretiert werden (markierte Zeile der SPSS-Ausgabe). Nur wenn der p-Wert über 10% (= 0,1) liegt, darf die Zeile "Gleiche Varianzen" interpretiert werden. Dabei unterscheiden sich die beiden Berechnungs-größen „T" durch die unterschiedlichen Formeln, die dieser Berechnung zu Grunde liegen (siehe jeweils Schritt 4 beider Verfahren).

In diesem Beispiel ist die zweiseitige Irrtumswahrscheinlichkeit für einen Mittelwertun-terschied kleiner 0,05 oder 5%. Die Nullhypothese kann in diesem Beispiel also ver-worfen werden. Zusätzlich werden noch Daten über die Mittelwertunterschiede aus-gegeben (nicht dargestellt).

Alle Themen des Kapitels 5.4.2 erreicht man in der SPSS-Hilfe und in der Test-sammlung über „*Mittelwerte vergleichen – Unabhängiger t-Test*".

5.4.2 Der Mann-Whitney-U-Test

Der Mann-Whitney-U-Test (kurz: U-Test) kann angewendet werden, wenn:

- intensive Merkmale, also auch ordinale, vorliegen;
- metrische Merkmale vorliegen und mindestens ein Stichprobenumfang $n < 10$ ist;
- keine Aussage über die Normalverteilung möglich ist oder für mindestens eine Grundgesamtheit ein Widerspruch nachgewiesen wurde. Dabei müssen beide Stichproben auf Normalverteilung geprüft werden.

Damit ist er ein nichtparametrischer Test und wird dann angewendet, wenn die Voraussetzungen für den unabhängigen t-Test nicht erreicht werden oder fraglich sind.

Das Merkmal wird in Zufallsstichproben aus zwei Grundgesamtheiten untersucht. Anhand der Stichprobenmittelwerte - hier die Mediane - wird geprüft, ob die theoretischen Mittelwerte μ_A und μ_B der Grundgesamtheit gleich sind.

Folgende Arbeitsschritte sind nötig:

1. Hypothesenbildung
   $H_0: \mu_1 = \mu_2$
   $H_1: \mu_1 < \mu_2$ (einseitige Fragestellung)

2. Signifikanzniveau α wählen

3. Kritische Grenze G aus U-Tafel (Tabelle 7 im Anhang) bestimmen. Dazu wird der Umfang der beiden Stichproben n_A und n_B bestimmt (Stichprobe mit größerem Umfang ist immer 'n_B' zugeordnet).

4. Alle Messwerte (aus Gruppe A + Gruppe B) der Größe nach (= aufsteigend) ordnen und den Messwerten Ränge zuordnen. Bei gleichen Werten müssen mittlere Ränge vergeben werden (siehe Wilcoxon – Test).
   Die Rangsumme jeder Gruppe R_A und R_B bilden und damit die Hilfsgrößen U_A und U_B berechnen:

$$U_A = n_A \cdot n_B + \frac{n_A \cdot (n_A + 1)}{2} - R_A$$

$$U_B = n_A \cdot n_B + \frac{n_B \cdot (n_B + 1)}{2} - R_B$$

(Probe: $U_A + U_B = n_A \cdot n_B$)

Für die Testgröße V gilt: $V = \min(U_A, U_B)$

5. Kritische Grenze G mit Testgröße V vergleichen:

$V \leq G \Rightarrow$ Die Alternativhypothese H_1 ist mit einer Irrtumswahrscheinlichkeit p
$\leq \alpha$ angenommen.

$V > G \Rightarrow$ H_0 kann nicht abgelehnt werden.

(Man beachte: Wie beim Wilcoxon-Test wird die Nullhypothese H_0 nicht verworfen, wenn die Grenze G überschritten wird.)

BEISPIEL:

In zwei Gruppen (A, B) sollen die Schwimmzeiten über 100m [s] verglichen werden. Die Stichprobenumfänge reichen nicht aus, um einen unabhängigen t-Test durchzuführen. Daher muss der U-Test angewendet werden.

Gruppe A	114,5	127,0	120,4	121,3	111,1	114,3	115,8	117,4
Rang	3	11.5	6	8	1	2	4	5

Gruppe B	120,8	129,3	128,1	125,0	127,0	131,5	129,8	130,2	124,4
Rang	7	14	13	10	11.5	17	15	16	9

1. H_0: $\mu_A = \mu_B$
   H_1: $\mu_A < \mu_B$

2. Das Signifikanzniveau wird mit $\alpha = 5\%$ festgelegt.

3. $n_A = 8$, $n_B = 9$ $\Rightarrow$ $G = 18$

4. Aus den Rängen ergeben sich folgende Rangsummen:
   Gruppe A: $R_A = 3 + 11,5 + 6 + 8 + 1 + 2 + 4 + 5 = 40,5$
   Gruppe B: $R_B = 7 + 14 + 13 + 10 + 11,5 + 17 + 15 + 16 + 9 = 112,5$

$$U_A = 8 \cdot 9 + \frac{8 \cdot 9}{2} - 40,5 = 67,5$$

$$U_B = 8 \cdot 9 + \frac{9 \cdot 10}{2} - 112,5 = 4,5$$

(Probe: $67,5 + 4,5 = 8 \cdot 9 = 72$)
$\Rightarrow V = \min (U_A , U_B) = 4.5$

5. $V = 4,5 \leq 18 = G \Rightarrow H_1$ wird mit $p \leq 5\%$ angenommen. Die Schwimmzeiten der Gruppe B sind signifikant langsamer als die der Gruppe A.

Hinweis für SPSS-Anwender

Der U-Test kann über

   Analysieren

      Nichtparametrische Tests

         Zwei unabhängige Stichproben...

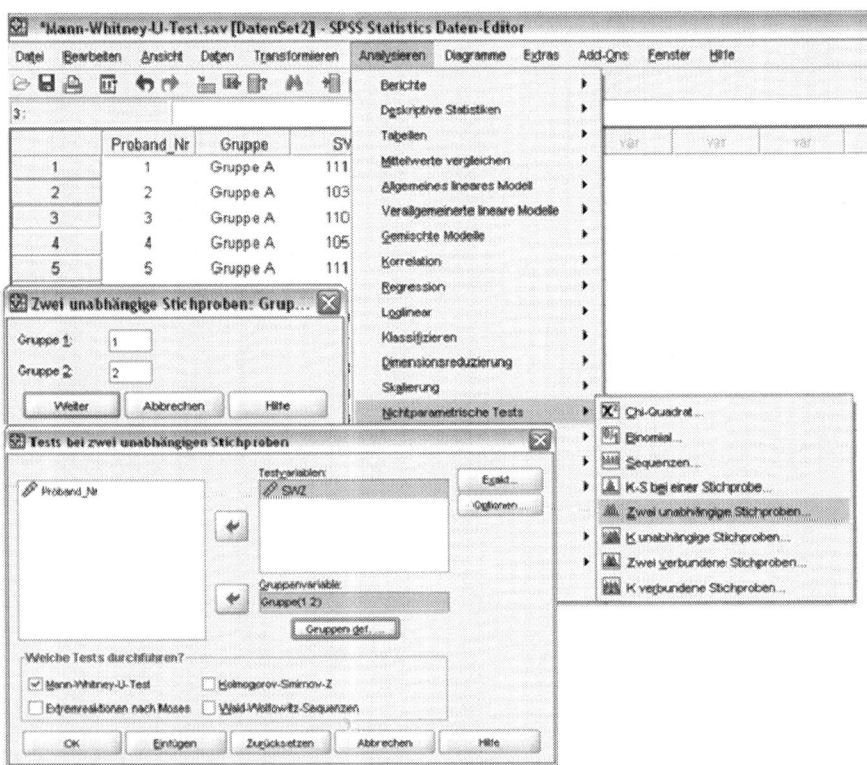

Abb. 20: Menüfenster zur Berechnung eines Mann-Whitney-U-Test in SPSS

angefordert werden. Dabei ist der Mann-Whitney-U-Test als Voreinstellung markiert. Wie beim unabhängigen t-Test müssen auch hier die Testvariable und die Gruppenvariable ausgewählt werden. Die Gruppenvariable muss die beiden Gruppen als expliziten Wert enthalten, eine Auftrennung anhand einer Trenngröße ist nicht möglich. In dem Beispiel wurde wiederum die Variable *SWZ* auf Unterschiede geprüft. *GRUPPE* diente als Gruppenvariable. Der Signifikanzwert beträgt 0,002 für die zweiseitige Alternative, bei einseitiger Alternative ist also P = 0,001 (0,1%).

Mann-Whitney-Test

Ränge

	GRUPPE	N	Mittlerer Rang	Rangsumme
SWZ	1	8	5,06	40,5
	2	9	12,5	112,5
	Gesamt	17		

Statistik für Test[b]

	SWZ
Mann-Whitney-U	4,5
Wilcoxon-W	40,5
Z	-3,033
Asymptotische Signifikanz (2-seitig)	0,002
Exakte Signifikanz [2 (1-seitig Sig.)]	0,001[a]

a Nicht für Bindungen korrigiert.
b Gruppenvariable: GRUPPE

Über die Rangsummen des SPSS – Ausdrucks kann die Richtigkeit der eigenen Berechnung überprüft werden. Hierbei zeigt die *„Statistik für den Test"*, dass die kleinere Rangsumme die 40,5 der Gruppe 1 ist. Der Hilfswert U – oder in der eigens durchgeführten Rechnung V – ist der Vergleichswert und die Rechengrundlage zur Berechnung des Wertes Z und der Signifikanz.

In der SPSS-Hilfe und in der Testsammlung erreicht man den U-Test über *„Mittelwerte vergleichen – Mann-Whitney-U-Test"*.

ZUSAMMENFASSUNG:

Kapitel 5 befasst sich mit beurteilender Statistik, also von der Stichprobe auf die Grundgesamtheit schließender Statistik. Hiermit ist es möglich, die Ergebnisse der vorliegenden Stichprobe(n) auf die Grundgesamtheit(en) mit einer Restunsicherheit zu belegen. Einführend wird das Konfidenzintervall, die Abschätzung des Mittelwertes der Grundgesamtheit, beschrieben. Es werden Mittelwertvergleiche von abhängigen und unabhängigen Stichproben eingeführt. Dabei werden die metrischen Tests ebenso wie ihre nichtparametrischen Ausweichverfahren für ordinale Daten oder bei Voraussetzungsverletzungen erläutert, berechnet und interpretiert.

6 Abhängigkeitsmaße und zugehörige Signifikanztests

Im Folgenden soll dargestellt werden, wie man anhand einer Korrelationsanalyse vermutete Zusammenhänge zwischen zwei Merkmalen beschreibt. Die Maßzahl für den Grad des Zusammenhangs nennt man den Korrelationskoeffizienten r. Es gilt für einen Korrelationskoeffizienten zwischen den Merkmalen X und Y:

- $-1 \leq r \leq 1$, für bestimmte Korrelationskoeffizienten $0 \leq r \leq 1$;
- für $|r| = 1$: Die Merkmalsausprägung von Merkmal Y kann uneingeschränkt nach der Merkmalsausprägung von Merkmal X vorhergesagt werden und umgekehrt;
- für $r = 0$: Es besteht kein Zusammenhang zwischen den Merkmalen X und Y;
- für $0 < |r| < 1$: Es könnte ein Zusammenhang bestehen, der aber durch andere Einflüsse gestört ist, oder der nicht dem zugrundeliegenden Modell entspricht.

Je nach Merkmalstypen müssen verschiedene Korrelationskoeffizienten eingesetzt werden. Der jeweils anwendbare Koeffizient steht in nachfolgender Tabelle. Die Berechnung von drei Korrelationskoeffizienten werden im jeweiligen Kapitel erläutert. Zu weiteren Korrelationskoeffizienten werden jeweils kurze Hinweise gegeben.

M.-Art	nominal		intensiv	
	dichotom	politom	metrisch	ordinal
dichotom	Phi-Koeffizient	Kontingenz-koeffizient	Punkt-biserialer Produkt-Moment-Koeffizient	Punkt-biserialer Rang-Korrelationskoeffizient
politom	Kontingenz-koeffizient	Kontingenz-koeffizient	Kontingenzkoeffizient	Kontingenzkoeffizient
metrisch	Punkt-biserialer Produkt-Moment-Koeffizient	Kontingenz-koeffizient	Pearson'scher Produkt-Moment-Korrelationskoeffizient oder Spearman'scher Rang-Korrelations-koeffizient	Spearman'scher Rang-Korrelations-koeffizient
ordinal	Punkt-biserialer Rang-Korrelationskoeffi-zient	Kontingenz-koeffizient	Spearman'scher Rang-Korrelationskoeffizient	Spearman'scher Rang-Korrelations-koeffizient

Zunächst ist der Korrelationskoeffizient eine beschreibende statistische Maßzahl wie z.B. der Mittelwert. Wie auch beim Mittelwert wird in den meisten Fällen nach einer Verallgemeinerung bzw. Beurteilung des Korrelationskoeffizienten gefragt. Hierbei steht die Frage im Mittelpunkt, ob der Korrelationskoeffizient der Grundgesamtheit signifikant von "0" abweicht. Falls dies der Fall ist, wurde ein Zusammenhang der untersuchten Merkmale nachgewiesen. Bei der Beurteilung schließen wir also vom Stichprobenwert (hier: Korrelationskoeffizient der Stichprobe r) auf den Wert der

Grundgesamtheit (hier: Korrelationskoeffizient der Grundgesamtheit). Dies ist bei allen anderen statistischen Vergleichsverfahren auch der Fall.

Vorsicht! Es muss sichergestellt sein, dass die untersuchten Merkmale auch tatsächlich in einem Zusammenhang stehen können und nicht durch andere überlagernde Prozesse zufällig parallele Bewegungen in den Merkmalsausprägungen entstehen. Die dann beobachteten Korrelationen bezeichnet man als Unsinnskorrelationen. Beispiele hierfür sind z.B. die parallele Entwicklung in der Umweltverschmutzung und der parallele Anstieg der Lebenserwartung, oder auch die Häufigkeit des Auftretens von Störchen und Geburten.

6.1   Der Pearson'sche Produkt-Moment-Korrelationskoeffizient

6.1.1 Berechnung / Definition

Voraussetzungen für die Verwendung des Pearson'schen Produkt-Moment-Korrelationskoeffizienten sind:

- beide Merkmale X und Y müssen metrisch sein;
- beide Merkmale X und Y müssen normalverteilt sein; falls der Korrelationskoeffizient nur zur Beschreibung eingesetzt wird, reicht eine allgemeine eingipflige Verteilungseigenschaft;
- der Stichprobenumfang n muss ≥ 10 sein.

Dieser Korrelationskoeffizient gibt an, ob der Zusammenhang zwischen X und Y linear ist. So kann für r = 1 geschlossen werden, dass mit steigenden X-Werten auch die Y-Werte linear steigen. Für r = -1 gilt, dass mit steigenden X-Werten die Y-Werte fallen. Sofern andere funktionelle Zusammenhänge zwischen X und Y vorliegen, wird der Korrelationskoeffizient dem Betrage nach geringer ausfallen. Solange ein monotoner Zusammenhang zwischen X- und Y-Werten besteht, wird r aber von „0" abweichen. Monotonie bedeutet hier, dass mit steigenden X-Werten die Y-Werte gleichbleiben oder steigen, oder dass mit steigenden X-Werten die Y-Werte gleichbleiben oder fallen. Problematisch ist die Verwendung des Pearson'schen Korrelationskoeffizienten, wenn keine Monotonieeigenschaften vorliegen (z.B. die Sinusfunktion). Die Berechnung dieses Korrelationskoeffizienten r erfolgt nach folgenden Formeln:

$$r = \frac{s_{x,y}}{s_x \cdot s_y}$$

Formel der Kovarianz $s_{x,y}$

$$s_{x,y} = \frac{1}{n-1} \cdot \left(\sum_{i=1}^{n} (x_i - \overline{x}) \cdot (y_i - \overline{y}) \right) \text{(Definition)}$$

$$s_{x,y} = \frac{1}{n-1} \cdot \left(\sum_{i=1}^{n} x_i \cdot y_i - \frac{1}{n} \cdot \sum_{i=1}^{n} x_i \cdot \sum_{i=1}^{n} y_i \right) \quad \text{(Arbeitsformel)}$$

$s_{x,y}$ = Kovarianz beider Merkmale x und y
s_x und s_y sind die Standardabweichungen der x- und y-Werte.

BEISPIEL:

Beschreibung des Zusammenhangs zwischen Maximalkraft beim Bankdrücken F [N] als Merkmal X und der Kugelstoßweite W [m] als Merkmal Y (siehe Tabelle)

$\bar{x} \pm s_x = 744 \pm 125{,}1$

$\bar{y} \pm s_y = 9{,}05 \pm 0{,}86$

$s_{x,y} = \frac{1}{9} \cdot \left(68066 - \frac{1}{10} \cdot 7440 \cdot 90{,}5 \right) = 81{,}56$

$r = \frac{81{,}56}{125{,}1 \cdot 0{,}86} = 0{,}76$

(Man beachte: Der Korrelationskoeffizient ist dimensionslos!)

F [N]	W [m]	F·W [N·m]
750	9,5	7125
680	8,9	6052
980	9,6	9408
810	9,8	7938
550	8,5	4675
730	8,4	6132
850	10,5	8925
580	7,4	4292
740	8,8	6512
770	9,1	7007
∑ 7440	∑ 90,5	∑ 68066

6.1.2 Signifikanztest

Für normalverteilte Variablen kann jetzt untersucht werden, ob der beobachtete Korrelationskoeffizient den Schluss zulässt, dass der Korrelationskoeffizient auch in der Grundgesamtheit 0 ist. Wenn dies gelingt, hat man einen signifikanten Zusammenhang zwischen den Merkmalen x und y nachgewiesen.

1. Hypothesenbildung

   H_0: $|\rho|$ = 0, es besteht kein linearer Zusammenhang zwischen den Merkmalen

   H_1: $|\rho|$ > 0, es besteht ein linearer Zusammenhang

2. Signifikanzniveau α wählen

3. Kritische Grenze G ermitteln: #FG= n – 2; G wird aus Tafel für den t-Test (siehe Anhang, Tab. 4) ermittelt.

4. Größe V aus der Stichprobe berechnen

   $$V = |r| \cdot \sqrt{\frac{n-2}{1-r^2}}$$

5. Vergleich der Größen G und V:

   G > V $\Rightarrow$ H_0 wird nicht verworfen;

   G $\leq$ V $\Rightarrow$ H_1 ist mit p $\leq$ 5% belegt, es besteht ein monotoner Zusammenhang.

BEISPIEL:

Untersucht werden soll, ob der in Kap. 6.1.1 ermittelte Korrelationskoeffizient den Schluss zulässt, dass zwischen der Maximalkraft beim Bankdrücken und der Kugelstoßweite ein Zusammenhang besteht.

1. Hypothesenbildung

   H_0: $|\rho|$ = 0, es besteht kein linearer Zusammenhang

   H_1: $|\rho|$ $\geq$ 0, es besteht ein linearer Zusammenhang

2. α = 5%

3. Für die kritische Grenze G gilt: #FG = G aus der Tafel für den t-Test (Tab. 4 im Anhang) ermittelt ergibt: G = 1,86

4. Größe V aus der Stichprobe berechnen

   $$V = |0,76| \cdot \sqrt{\frac{8}{1-0,76^2}} = 3,31$$

5. Da G = 1,86 $\leq$ V = 3,31 $\Rightarrow$ H_1 ist mit p $\leq$ 5% belegt, es besteht also ein linearer Zusammenhang zwischen der Maximalkraft beim Bankdrücken und der Kugel stoßweite.

Hinweise für SPSS-Anwender

Der Aufruf von Korrelationsberechnungen erfolgt über

Analysieren

   Korrelation

      Bivariat...

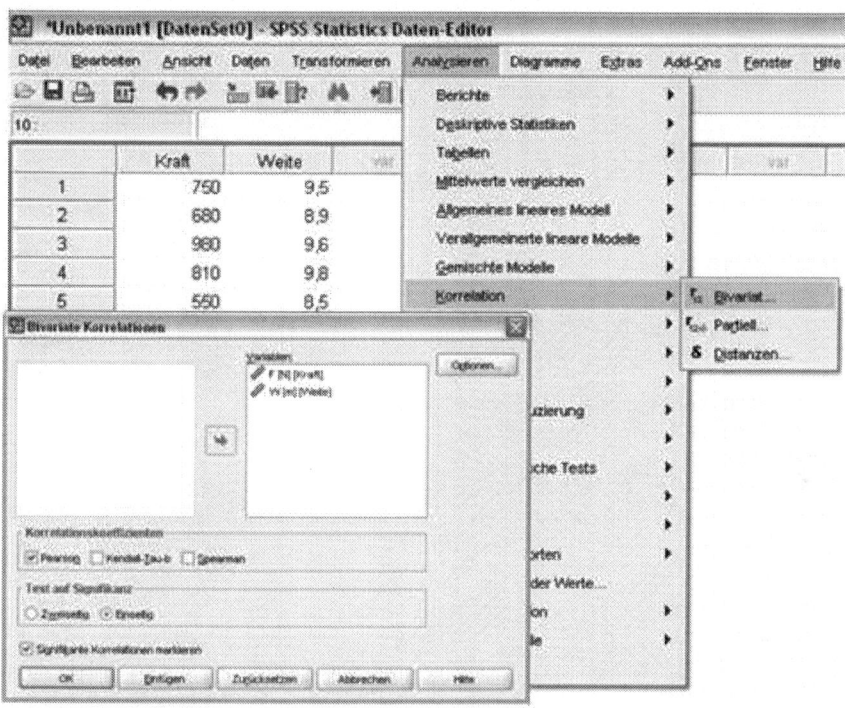

Abb. 21: Menüfenster zur Berechnung eines Pearson'scher Korrelationskoeffizient in SPSS

In diesem Fenster müssen dann die Variablenpaare definiert werden und unter anderem auch der bzw. die gewünschten Korrelationskoeffizient(en) ausgewählt werden. Zudem hat man die Möglichkeit festzulegen, ob eine ein- oder zweiseitige Alternativhypothese bestimmt werden soll. Im folgenden Beispiel wurde zunächst der Datensatz aus dem Beispiel in diesem Abschnitt graphisch dargestellt (*Diagramme*, *Streudiagramm*). Im Menüfenster der Prozedur wurde der Pearson'sche Korrelationskoeffizient mit einseitiger Signifikanzprüfung angefordert. Da mehr als zwei Variablen angegeben werden können, erfolgt die Ausgabe in Matrixform.

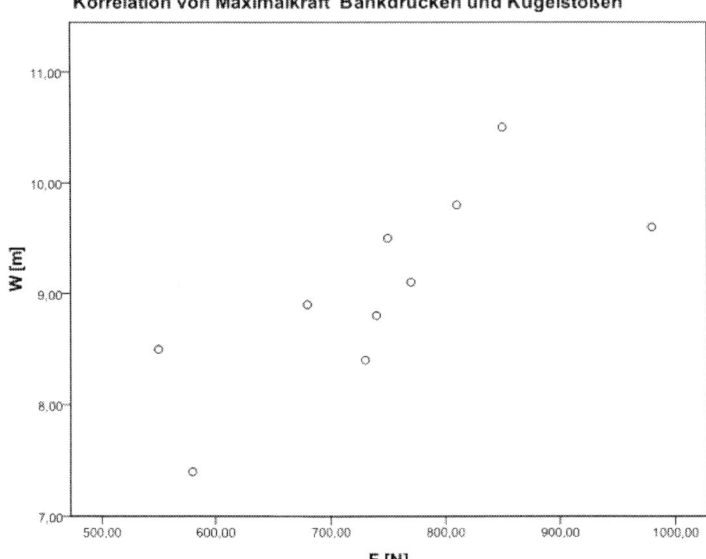

Abb. 22: Streudiagramm von Maximalkraft und Kugelstoßen

Korrelationen

		F [N]	W [m]
F [N]	Korrelation nach Pearson	1	,755**
	Signifikanz (1-seitig)		,006
	n	10	10
W [m]	Korrelation nach Pearson	,755**	1
	Signifikanz (1-seitig)	,006	
	n	10	10

** Die Korrelation ist auf dem Niveau von 0,01 (einseitig) signifikant.

Dieses Thema erreicht man in der SPSS-Hilfe und in der Testsammlung über „Korrelationen – Pearson KK".

6.2   Spearman'scher Rang-Korrelationskoeffizient

6.2.1 Berechnung/Definition

Der Spearman'sche Rang-Korrelationskoeffizient ist für alle Kombinationen intensiver Merkmale geeignet, also insbesondere die Kombinationen

ordinal – ordinal;
ordinal – metrisch;
metrisch – metrisch.

Zunächst müssen die beiden Merkmale jeweils in eine (aufsteigende) Rangfolge gebracht werden. Für jedes Merkmalspaar gibt es also ein zugehöriges Rangpaar. Die Berechnung erfolgt nach folgender Formel:

$$r_{SP} = 1 - \frac{6 \cdot \sum d_i^2}{n \cdot (n^2 - 1)}$$

Dabei ist d_i die Rangdifferenz zwischen den beiden Merkmalen. r_{SP} kann Werte zwischen -1 und +1 annehmen. Für negative r_{SP}-Werte gilt als Tendenz: Mit steigenden Rängen von Merkmal A *fällt* der Rang von Merkmal B. Bei positiven Werten *steigen* die Ränge von A tendenziell mit den Rängen von B.

BEISPIEL:

Eine Turnübung wird von zwei Kampfrichtern beurteilt. Dabei benoten die Kampfrichter zweimal die gleichen Turner (Probanden), weswegen es sich um eine abhängige Stichprobe handelt. Die Notenskala reicht von 1 - 10. Es soll der Zusammenhang zwischen den Benotungen beschrieben werden.

StartNr.	Note A	Note B	Rang A	Rang B	d_i	d_i^2
1	5	6	4,5	5,5	-1	1
2	9	7	8,5	7,5	1	1
3	2	4	1,5	4	-2,5	6,25
4	3	3	3	2,5	0,5	0,25
5	7	6	6	5,5	0,5	0,25
6	8	8	7	9	-2	4
7	10	9	10	10	0	0
8	2	1	1,5	1	0,5	0,25
9	5	3	4,5	2,5	2	4
10	9	7	8,5	7,5	1	1
						$\sum 18$

$$r_{SP} = 1 - \frac{6 \cdot 18}{10 \cdot 99} = 0,89$$

r_{SP} deutet auf einen Zusammenhang zwischen den Benotungen hin. Ob der Koeffizient signifikant von 0 abweicht, muss allerdings erst anhand eines geeigneten Testverfahrens festgestellt werden.

6.2.2 Signifikanztest

Für n < 30 kann eine geeignete Tabelle genutzt werden (siehe Anhang Tab. 8). Der Test verläuft wie bei der Überprüfung des Pearson'schen Korrelationskoeffizienten (Kap. 6.1.2). In Schritt 3 wird allerdings anhand der speziellen Tabelle der kritische Wert herausgesucht, und in Schritt 4 entfällt ein besonderer Rechenschritt, da $V = r_{SP}$ ist. Wenn n ≥ 30 ist, dann erfolgt die Signifikanzüberprüfung wie beim Pearson'schen Korrelationskoeffizienten: G ist aus der Tabelle für den t-Test zu entnehmen, und V wird nach der angegebenen Formel berechnet.

Die Berechnung des Spearman'schen Korrelationskoeffizient erfolgt in der gleichen Prozedur, wie die des Pearson'schen Korrelationskoeffizienten. Die nachfolgende Ausgabe wurde mit dem gleichen Datensatz wie in Kap. 6.1.1 erstellt.

Korrelationen

			F [N]	W [m]
Spearman-Rho	F [N]	Korrelationskoeffizient	1,000	,867**
		Sig. (1-seitig)	.	,001
		n	10	10
	W [m]	Korrelationskoeffizient	,867**	1,000
		Sig. (1-seitig)	,001	.
		n	10	10

** Die Korrelation ist auf dem Niveau von 0,01 (einseitig) signifikant.

Dieses Thema erreicht man in der SPSS-Hilfe und in der Testsammlung über *„Korrelationen – Spearman-KK"*.

6.3   Kontingenzkoeffizient

Der Kontingenzkoeffizient kann berechnet werden, wenn folgende Merkmalskombinationen vorliegen:

politom - politom
politom - ordinal
politom - dichotom
politom – metrisch

Gegeben sei Merkmal A mit k Ausprägungen und Merkmal B mit m Ausprägungen. Beide Merkmale besitzen k, m Merkmalsausprägungen $\geq$ 2. Eines der beiden Merkmale ist politom. Die Häufigkeit der beobachteten Ausprägungen wird in nachfolgende Tabelle eingetragen:

		Merkmal A				
		1	2	...	m	Σ
Merkmal B	1	n_{11}	n_{12}		n_{1m}	$n_{1.}$
	2	n_{21}	n_{22}		n_{2m}	$n_{2.}$
	...	...	...		...	...
	k	n_{k1}	n_{k2}		n_{km}	$n_{k.}$
Σ		$n_{.1}$	$n_{.2}$		$n_{.m}$	n

Zur Berechnung des Kontingenzkoeffizienten müssen folgende Hilfsgrößen berechnet werden:

$$V = n \cdot [\sum_{i=1}^{k} \sum_{i=1}^{m} \frac{n_{ij}}{n_{i.} \cdot n_{.j}} - 1] = \sum_{i=1}^{k} \sum_{i=1}^{m} \frac{\left[\frac{n_{ij} - n_{i.} \cdot n_{.j}}{n}\right]}{\frac{n_{i.} \cdot n_{.j}}{n}}$$

a = min (m, k)

Der Kontingenzkoeffizient wird dann nach der Formel berechnet:

$$r = \sqrt{\frac{a \cdot V}{(n + V) \cdot (a - 1)}}$$

BEISPIEL:

Es soll überprüft werden, ob die Wahl einer bestimmten Sportart vom Geschlecht abhängig ist.

	Mannschafts- spiele	Rückschlag- spiele	Ausdauer- sport	Sonstiges	Σ
m	35	22	19	11	87
w	19	25	41	13	98
Σ	54	47	60	24	185

k = 2, m = 4 (Dabei ist k die Anzahl der Klassen, m die Anzahl der Ausprägungen. So ergeben sich die Klassen männlich = m und weiblich = w sowie die Sportartengruppen Mannschaftsspiele, Rückschlagspiele, Ausdauersport und Sonstiges)
a = min (m, k) = 2

$$V = 185 \cdot \left(\frac{35^2}{87 \cdot 54} + \frac{22^2}{87 \cdot 47} + \frac{19^2}{87 \cdot 60} + \frac{11^2}{87 \cdot 24} + \frac{19^2}{98 \cdot 54} + \frac{25^2}{98 \cdot 47} + \frac{41^2}{98 \cdot 60} + \frac{13^2}{98 \cdot 24} - 1 \right) = 14,8$$

$$r = \sqrt{\frac{2 \cdot 14,8}{(185 + 14,8) \cdot (2 - 1)}} = 0,39$$

Die Signifikanz des Koeffizienten wird mittels χ^2 - Test überprüft, mit [(m-1)·(k-1)] Freiheitsgraden.

Hinweise für SPSS-Anwender

Der Kontingenzkoeffizient ist über:

Analysieren

  Deskriptive Statistik

    Kreuztabellen...

zu erreichen. Im Menü Statistik wird der gewünschte Koeffizient angewählt.

Dieses Thema erreicht man in der SPSS-Hilfe und in der Testsammlung über „*Korrelationen - Kontingenzkoeffizient*".

6.4   Hinweise zu weiteren Korrelationskoeffizienten

Phi Korrelationskoeffizient → Zusammenhang zwischen zwei dichotomen Merkmalen. Signifikanztest per Vier-Felder-Test für unabhängige Stichproben. Unter SPSS per

Analysieren

  Deskriptive Statistik

    Kreuztabellen...

Im Menü Statistik wird der gewünschte Koeffizient angewählt.

Punkt-biserialer Produkt-Moment-Korrelationskoeffizient → Ein Korrelationskoeffizient für die eine Analyse der Merkmalskombination metrisch-dichotom. Signifikanztest mittels t-Test.

Punkt-biserialer Rang-Korrelationskoeffizient → Dichotom – intensive Merkmalskombination, dessen Signifikanz per Mann-Whitney-U-Test überprüft werden kann

ZUSAMMENFASSUNG:

Kapitel 6 gibt einen Einblick in Korrelationsberechnungen zweier Merkmale x und y. Hierdurch lassen sich Zusammenhänge der Merkmale erschließen und beschreiben. Dabei werden Pearson'scher Korrelationskoeffizient, Spearman'scher Korrelationskoeffizient und Kontingenzkoeffizient beschrieben und berechnet. Andere Korrelationskoeffizienten werden kurz beschrieben und ihr Einsatz erklärt.

7 Lineare Regression

7.1 Grundlage des linearen Modells

Die im vorigen Abschnitt behandelte Korrelation beschreibt den Grad und die Richtung des Zusammenhanges zwischen zwei Variablen. Wird bei metrischen Variablen ein Zusammenhang nachgewiesen, so stellt sich hier anschließend häufig die Frage nach einer Quantifizierung. Die Beschreibung des quantitativen Zusammenhanges kann aber auch unabhängig von einer Korrelationsanalyse durchgeführt werden. Dazu muss klar sein, dass der Zusammenhang besteht.

Das Ergebnis einer linearen Regression ist eine (oder mehrere) Geradengleichung(en). Da mit zwei Punkten eine Gerade eindeutig beschrieben ist, gilt bei einem gegebenen Datensatz mit mehr als zwei Punkten die Gleichung als „überbestimmt". Nach einem Optimierungskriterium (s.u.) wird die „passende" Gerade ermittelt. Es sollte stets bedacht werden, dass dies nur die mathematisch einfachste Form zur Beschreibung des quantitativen Zusammenhanges ist. Es gibt unendlich viele Möglichkeiten für andere mögliche Funktionen, aber die Regressionsgerade bietet eine Reihe von Vorteilen:

- sie kann schnell berechnet werden;
- sie kann einfach interpretiert werden;
- sie kann einfach angewendet werden.

Liegt eine Stichprobe (x_1,y_1); (x_2,y_2); ... (x_n,y_n) aus einer Grundgesamtheit vor, so sollten die Zahlenpaare zunächst in ein Koordinatensystem eingetragen werden. Der Zusammenhang von x und y (bzw. y und x) wird durch die Regressionsgerade mit der Formel $y = bx + a$ beschrieben, wobei y hier die Zielgröße und x die Einflussgröße darstellt. Dabei ist die Gerade so zu legen, dass die Summe der Quadrate aller Abstände der Punkte von der Geraden möglichst klein ist.

Man unterscheidet zwei Modellansätze der Berechnung:

Modell 1:   x unabhängig, keine Zufallsvariable
                y abhängig von x, Zufallsvariable

Modell 2:   x und y sind Zufallsvariablen
                Abhängigkeiten müssen nicht eindeutig definiert sein

Zufallsvariable bedeutet in diesem Zusammenhang, dass die Merkmalsausprägung nicht durch den Versuchsplan festliegt. So ist z.B. die Körpergröße eine Zufallsvariable, während die vorgegebene Leistung bei der Ergometrie nicht diese Bedingung erfüllt.

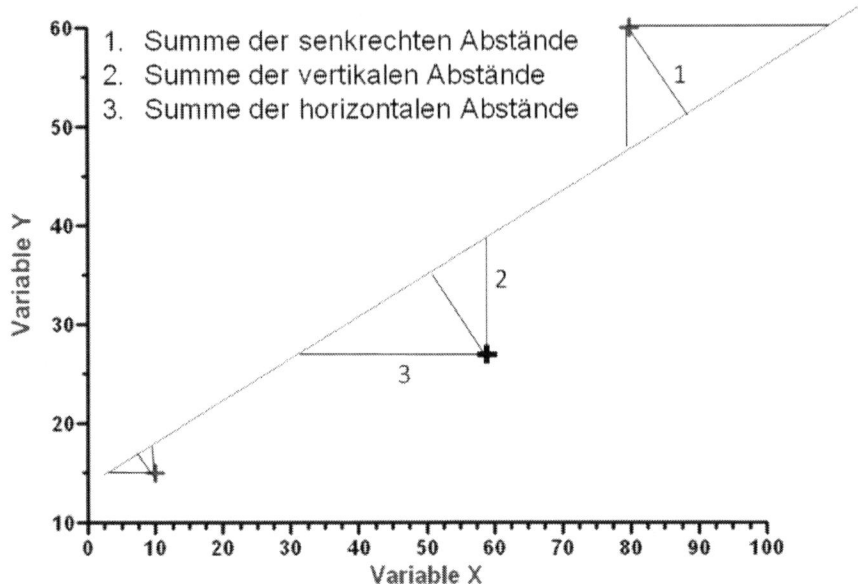

Abb. 23: Berechnungsmöglichkeiten einer Linearen Regressionsgeraden

7.1.1 Modell 1

Es wird eine Gerade nach der Formel $y = b_{xy}x + a_{xy}$ berechnet. Sie durchläuft den Punkt (x, y). Die Gerade, die so berechnet wird, zeigt die geringsten Abweichungen in der senkrechten (y-)Richtung.

Es gilt:

$$b_{xy} = \frac{s_{x,y}}{s_x} \text{ (Regressionskoeffizient od. Steigung)}$$

$$a_{xy} = \bar{y} - b_{yx} \cdot \bar{x} \quad \text{(y-Achsenabschnitt)}$$

Die Regressionsgerade ermöglicht die Schätzung der y-Werte aufgrund bekannter x-Werte.

BEISPIEL:

Der Zusammenhang zwischen Leistung auf dem Fahrradergometer (LST) und der Herzfrequenz (HF) soll mit einem linearen Modell beschrieben werden.

LST (x) [W]	HF (y) [min^{-1}]	x^2	y^2	x·y
25	81	625	6561	2025
50	94	2500	8836	4700
75	100	5625	10000	7500
100	108	10000	11664	10800
125	120	15625	14400	15000
150	135	22500	18225	20250
175	150	30625	22500	26250
200	163	40000	26569	32600
225	178	50625	31684	40050
250	197	62500	38809	49250
$\sum$ 1375	$\sum$ 1326	$\sum$ 240625	$\sum$ 189248	$\sum$ 208425

$\bar{x} \pm s = 137,5\ [W] \pm 75,7\ [W]$

$\bar{y} \pm s = 132,6\ [min^{-1}] \pm 38,6\ [min^{-1}]$

$$s_{x,y} = \frac{1}{9} \cdot \left(208425 - \frac{1}{10} \cdot 1375 \cdot 1326\,[W \cdot min^{-1}] \right) = 2900\,[W \cdot min^{-1}]$$

$$b_{xy} = \frac{2900\,[W \cdot min^{-1}]}{75,7^2\,[W^2]} = 0,51\ [W^{-1} \cdot min^{-1}]$$

$a_{xy} = 132,6\,[min^{-1}] - 0,51\,[W^{-1} \cdot min^{-1}] \cdot 137,5\,[W] = 62,48\,[min^{-1}]$

$y = 0,51\ [W^{-1} \cdot min^{-1}] \cdot$ Leistung [W] $+ 62,48\ [min^{-1}]$

(Herzfrequenz bei gegebener Leistung)

Mit dieser berechneten Formel können nun Werte extra- sowie interpoliert werden. Dadurch können Werte innerhalb des gegebenen Wertebereichs und darüber hinaus vorhergesagt werden. Durch Einsetzen eines Wertes x kann der Wert y errechnet werden. Für den Wert x = 135 erhält man so z.B. den Wert y = 131,33

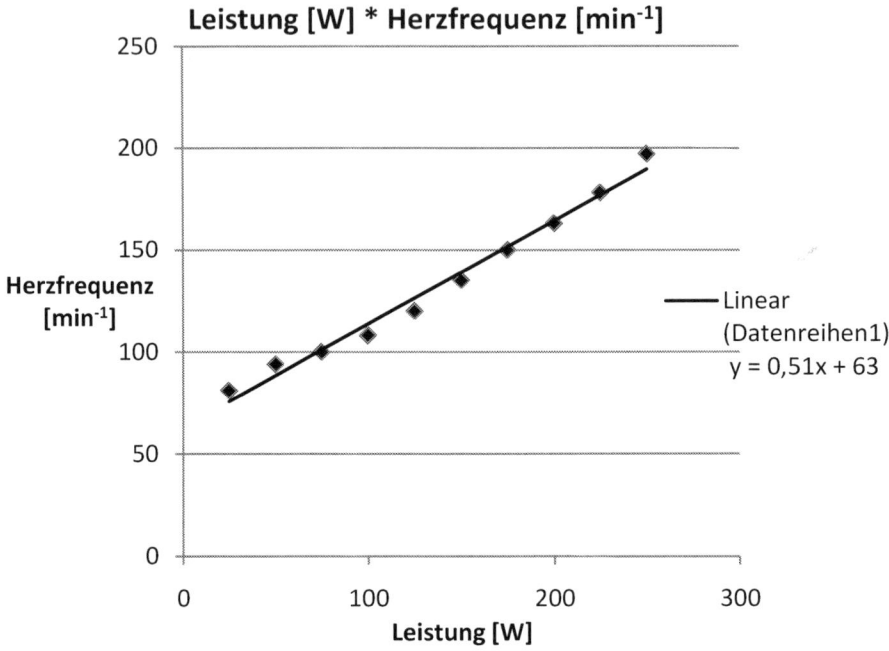

Abb. 24: Darstellung einer linearen Regressionsgerade in y-Optimierung

Im oben aufgeführten Diagramm ist die von Microsoft Excel berechnete lineare Regressionsformel eingetragen.

7.1.2 Modell 2

x und y seien normalverteilte, unabhängige Zufallsvariablen. Es werden zwei Regressionsgeraden berechnet, welche die Messwerte im Diagramm möglichst genau abbilden. Die eine Gerade schließt von x auf y, die andere von y auf x.

a) Optimierung bzgl. der y-Werte

$y = b_{xy}x + a_{xy}$

b) Optimierung bzgl. der x-Werte

$x = b_{yx}y + a_{yx}$

Zur Darstellung in einem x-y-Diagramm ist eine Transformation nach y günstig:

$$y = \frac{1}{b_{yx}}x - \frac{a_{yx}}{b_{yx}}$$

Je stärker die beiden Variablen miteinander korrelieren, desto kleiner ist der Winkel zwischen den Regressionsgeraden. Der Schnittpunkt beider Geraden hat die Koordinaten ($\overline{x}, \overline{y}$).

BEISPIEL:

Der Zusammenhang zwischen Reaktionszeiten von Hand- und Fußbewegungen soll getestet werden (gemessen in ms):

Fuß (x) [ms]	Hand (y) [ms]	x^2	y^2	x·y
95	111	9025	12321	10545
87	104	7569	10816	9048
91	99	8281	9801	9009
98	106	9604	11236	10388
105	118	11025	13924	12390
88	102	7744	10404	8976
100	129	10000	16641	12900
$\sum$ 664	$\sum$ 769	$\sum$ 63248	$\sum$ 85143	$\sum$ 73256

$\overline{x} \pm s = 94{,}86 \pm 6{,}62$

$\overline{y} \pm s = 109{,}86 \pm 10{,}51$

$$s_{x,y} = \frac{1}{6} \cdot \left(73256 - \frac{1}{7} \cdot 664 \cdot 769 \right) = 51{,}81$$

$r = 0{,}74$

Optimierung in y-Richtung

$b_{xy} = \dfrac{51{,}81}{43{,}82} = 1{,}18$

$a_{xy} = 109{,}86 - 1{,}18 \cdot 94{,}86 = -2{,}07$

Also: $y = 1{,}18 \cdot x - 2{,}07$

Optimierung in x-Richtung

$b_{xy} = \dfrac{51{,}81}{110{,}46} = 0{,}47$

$a_{xy} = 94{,}86 - 0{,}47 \cdot 109{,}86 = 43{,}23$

Also: $x = 0{,}47 \cdot y + 43{,}23$

7.1.3 Transformation der Geradengleichung

Das Transformieren der Geradengleichungen erreichen Sie am einfachsten, indem Sie den Buchstaben (je nach Modell x oder y) nach der Steigungsangabe auf den Faktor 1 bringen. Die andere Seite des Gleichheitszeichens wird dann durch die Rechenoperation ebenfalls verändert. So kann für die in 7.1.2 aufgeführte Formel folgendermaßen transformiert werden (man beachte die Unterschiede aufgrund der Rundungen von -2,07 zu -2,32; Excel rechnet hier mit einer größeren Anzahl an Nachkommastellen!)):

$y = 1,18 \cdot x - 2,07$ → hier muss durch den Faktor 1,18 dividiert werden. So erhält man die Gleichung:

$\dfrac{1}{1,18} y = x - 1,75$ → Addiert man 1,75, so erhält man die Gleichung:

$0,85 \cdot y + 1,75 = x$ Diese Gleichung kann nach x umgestellt werden und man erhält:

$x = 0,85 \cdot y + 1,75$ als transformierte Geradengleichung.

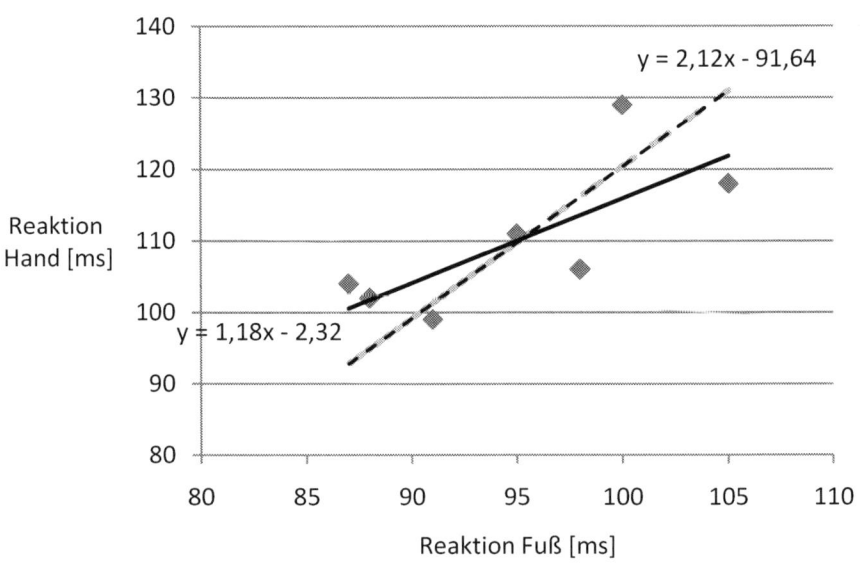

Lineare Regression nach x- und y-Optimierung

Abb. 25: Die Optimierung von Regressionsgeraden nach unterschiedlichen Modellen

Über die bisher besprochene lineare Regression mit einer unabhängigen Variablen liefern häufig Modelle mit mehreren unabhängigen und einer abhängigen Variablen brauchbare Beschreibungen. Derartige Modelle gehören zur Kategorie der multiplen Regression, auf die hier nicht eingegangen werden soll.

SPSS für Windows bietet ein mächtiges System zur Regressionsanalyse an, das allerdings auch den Nachteil hat, dass schon einfache Analysen umfangreich werden können.

Eine schnelle Möglichkeit, die Regressionsgleichung und eine einfache Grafik darzustellen, ist folgende:

Analysieren

   Regression

      Kurvenanpassung...

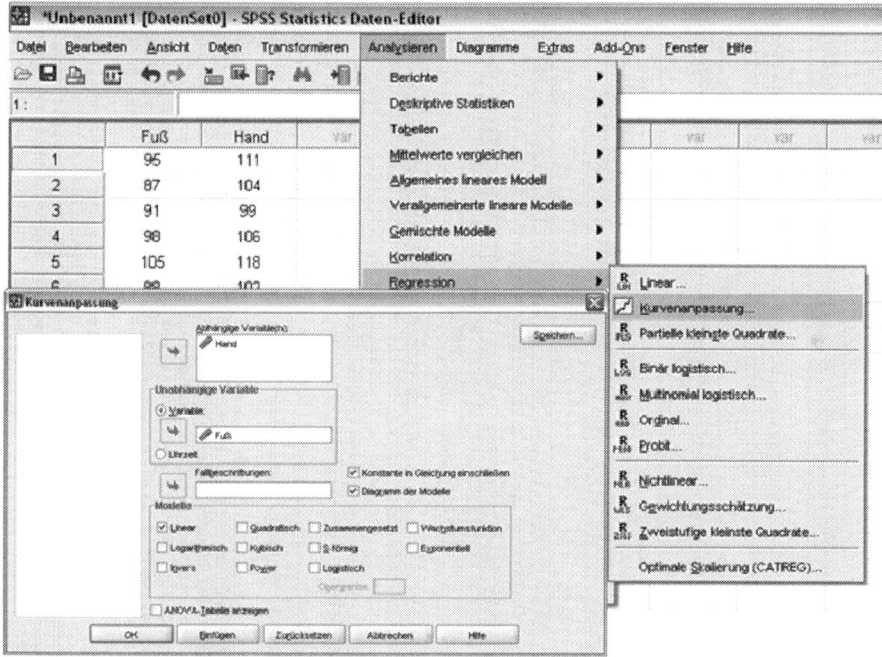

Abb. 26: Menüfenster zur Berechnung einer linearen Regression (Kurvenanpassung) in SPSS

Neben der Auswahl der abhängigen und unabhängigen Variablen muss das Modell „*Linear*" gewählt werden. Es ist darauf zu achten, dass die Option „*Konstante in Gleichung*" gewählt wird. Wenn „*Modelle plotten*" angewählt wird, wird ein x-y-Plot erstellt, der die Daten und die Regressionsgerade enthält.

Man erhält so folgende Ausgabe:

Modellzusammenfassung und Parameterschätzer

Abhängige Variable: y							
Gleichung	Modellzusammenfassung					Parameterschätzer	
	R^2	F	Freiheitsgrade 1	Freiheitsgrade 2	Sig.	b0	b1
Linear	0,555	6,226	1	5	0,055	-2,322	1,183

'Fuß' wurde als unabhängige Variable und 'Hand' als abhängige Variable gewählt. „b0" gibt den y-Achsenabschnitt an, während die Steigung als "b1" angegeben wird. Zusätzlich wird der Pearson-Korrelationskoeffizient als Quadratwert mit der zugehörigen Signifikanz angegeben. Die Signifikanzüberprüfung erfolgt über einen F-Test, da über die einfach-lineare Modellbildung hinaus komplexere Modelle geprüft werden. Eine andere Möglichkeit, die Regressionsparameter zu erzeugen, ist folgende:

> *Analysieren*
>
> > *Regression*
> >
> > > *Linear...*

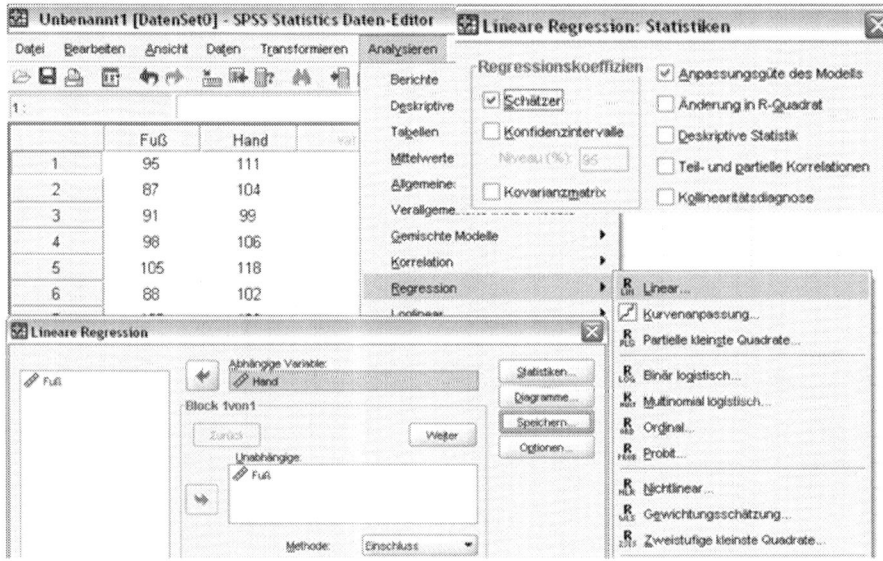

Abb. 27: Menüfenster zur Berechnung einer linearen Regression

Hier werden die abhängigen (y-) und unabhängigen (x-) Variablen festgelegt. Da diese Prozedur für die multiple Regression vorbereitet ist, wäre es auch möglich, weitere unabhängige Variablen vorzugeben. Hier soll aber nur der „einfache Fall" behandelt werden. Im Fenster *Statistiken...* werden die Schätzungen für die Regressionskoeffizienten angefordert. Neben diesen elementaren Berechnungen werden weitere Berechnungen und Testverfahren bis hin zur Varianzanalyse mit dieser Prozedur durchgeführt. In anderen Fenstern können z.B. auch verschiedene Residuenplots angefordert werden, allerdings nicht die wünschenswerte Gegenüberstellung von den untersuchten Variablen (dazu s.u.). Der folgende Ausdruck enthält eine Analyse für die Variablen 'Fuß' (unabhängig) und 'Hand' (abhängig). Im Abschnitt „Nichtstandardisierte Koeffizienten" sind die Koeffizienten enthalten. Zusätzlich sind die Standardfehler ausgegeben. Hier wäre z.B. auch die Angabe von Konfidenzintervallen möglich.

Aufgenommene / Entfernte Variablen[b]

Modell	Aufgenommene Variablen	Entfernte Variablen	Methode
1	Fuß[a]	.	Einschluss

a Alle gewünschten Variablen wurden aufgenommen.
b Abhängige Variable: Hand

Modellzusammenfassung

Modell	R	R-Quadrat	Korrigiertes R-Quadrat	Standardfehler des Schätzers
1	,745[a]	0,555	0,466	7,684

a. Einflussvariablen : (Konstante), Fuß

ANOVA[b]

Modell		Quadratsumme	df	Mittel der Quadrate	F	Sig.
1	Regression	367,622	1	367,622	6,226	,055[a]
	Nicht standardisierte Residuen	295,235	5	59,047		
	Gesamt	662,857	6			

a Einflussvariablen : (Konstante), Fuß
b Abhängige Variable: Hand

Koeffizienten[a]

Modell		Nicht standardisierte Koeffizienten		Standardisierte Koeffizienten	T	Sig.
		Regressions-koeffizient B	Standard-fehler	Beta		
1	(Konstante)	-2,322	45,052		-0,52	0,961
	Fuß	1,183	,0,474	0,745	2,495	,0,55

a Abhängige Variable: Hand

Eine grafische Darstellung der Daten inklusive einer Regressionsgeraden kann auch über

Diagramm

  Streudiagramm...

angefordert werden. Hier wird die einfache Darstellung gewählt und anschließend definiert (Variablenauswahl etc.). Wenn dann die Grafik angefordert wird, wird i.d.R. zunächst nur die Ausgabe der Daten erfolgen. Über den *„Diagramm-Editor"* für erstellte Grafiken kann über den Button: *Anpassungslinie hinzufügen...* die lineare Regressionsgerade eingefügt werden.

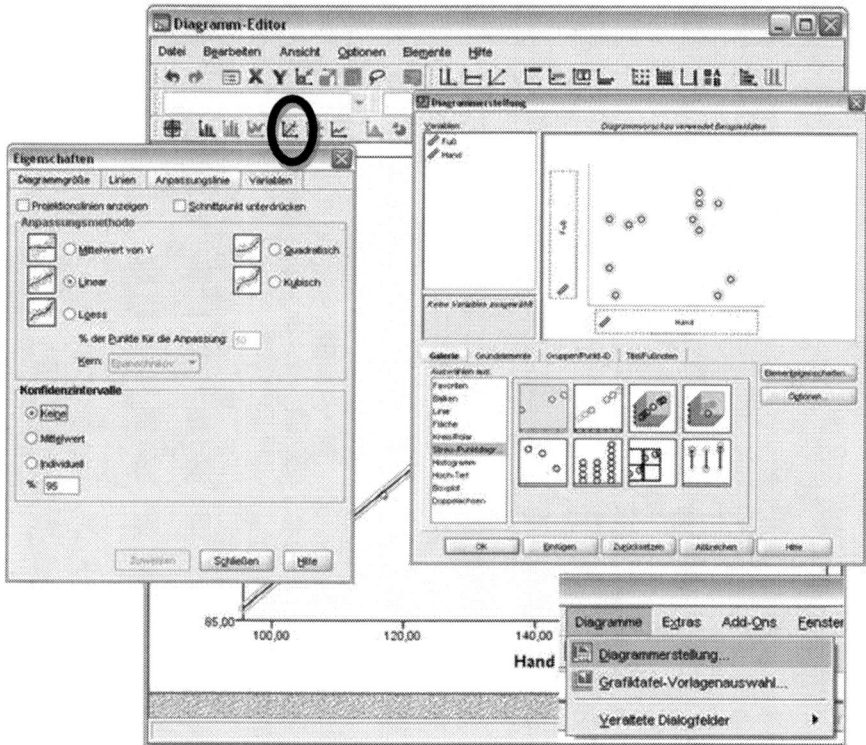

Abb. 28: Menüfenster zur Bearbeitung von Diagrammen in SPSS

In der SPSS-Hilfe findet man über *„Diagramme"* weitere Anmerkungen zur Erstellung von Diagrammen.

7.2 Nichtlineare Regression und Transformationen

Die Nichtlineare Regression ermöglicht die Anpassung von Daten an jede Gleichung der Form y = f(x). Da diese Gleichungen Kurven definieren, werden die Begriffe nichtlineare Regression und "curve fitting" zumeist synonym gebraucht. Bei nichtlinearen Gesetzmäßigkeiten können die zu optimierenden Parameter nicht direkt ermittelt werden. Alle Kalkulationen gehen zwangsläufig von Schätzwerten aus, so dass jede nichtlineare Regressionsanalyse ein iteratives Verfahren darstellt. Ob diese Schätzwerte vernünftig waren, zeigt sich dadurch, dass verschiedene Anfangsschätzungen zum gleichen Endergebnis führen. Eine nichtlineare Regressionsanalyse ist dementsprechend keine Geradenberechnung, sondern die Berechnung einer Kurve. Einfache nichtlineare Regressionsanalysen sind u.a. mit dem Microsoft-Programm *Excel* möglich, multiple Regressionen sollten mit einem Statistikprogramm durchgeführt werden.

Transformationen zur Linearisierung. In vielen Fällen beschreibt eine einfache Gerade nur sehr unzureichend die Beziehung zwischen x- und y-Variable. Es sind „Transformationen" möglich, die eine genauere Beschreibung der Zusammenhänge erlauben und trotzdem mit dem verhältnismäßig einfachen Formelwerk der linearen Regression zu bearbeiten sind. Ziel der Transformation ist es, die Beziehung zu linearisieren. Voraussetzung für die Transformation ist die strenge Monotonie. Strenge Monotonie einer Transformation f heißt:

$$z_1 > z_2 \rightarrow f\ (z_1) > f\ (z_2) \qquad \text{(streng monoton steigend)}$$

$$z_1 < z_2 \rightarrow f\ (z_1) < f\ (z_2) \qquad \text{(streng monoton fallend)}$$

Zu beachten ist, dass die zu transformierende Variable im Wertebereich der Transformationsfunktion liegt. Die Berechnungen von Korrelationskoeffizient, Regressionsgerade etc. erfolgen mit den transformierten Daten. Einfache lineare Transformationen (z.B. z-Transformation) ergeben keinen Sinn, da hierdurch nicht die Qualität der Beziehung verändert wird. In der Literatur zur Statistik sind zahlreiche Transformationsmöglichkeiten zu finden. Für eine Entscheidung zwischen gewählten Modellen kann als Maß der Korrelationskoeffizient herangezogen werden. Im Folgenden soll nur ein mögliches Beispiel gegeben werden.

Für nichtlineare Regressionen bietet SPSS mehrere Möglichkeiten. Die oben besprochenen Transformationen sind durch Berechnung neuer Variablen ohne Schwierigkeiten möglich. Unter

Transformieren

> *Berechnen einer Variablen...*

kann dies direkt geschehen. Zahlreiche Funktionen stehen zur Verfügung. Darüber hinaus bietet SPSS verschiedene Möglichkeiten, nicht-lineare Modelle zu berechnen. Über

Analysieren

> *Regression...*

sind die Optionen „*Kurvenanpassung...*" und „*Nichtlinear...*" wählbar und erlauben die Überprüfung nichtlinearer Modelle (siehe Kap. 7.3)

Das gesamte Kapitel 7 kann in der SPSS-Hilfe und in der Testsammlung über „*Lineare Regression*" erreicht werden.

ZUSAMMENFASSUNG:

Kapitel 7 befasst sich mit der Linearen Regression als Mittel der schnellen Darstellung, einfachen Interpretation und schneller Berechnung einer Vorhersage (Interpolation und Extrapolation) von metrischen, aufeinander bezogenen Daten. Dabei werden je nach Modell die Summen aller Abweichungsquadrate berechnet, und anschließend als Gerade dargestellt. Hierbei ist die dargestellte Gerade diejenige, die eine Vorhersage mit der optimalen Güte erklären lässt. Es werden Beispiele berechnet und näher erläutert. Ausblicke auf die nichtlineare und multiple Regression schließen das Kapitel.

8   Die Varianzanalyse

8.1   Übersicht

Varianzanalytische Verfahren sind immer dann einzusetzen, wenn in einer Untersuchung mehr als zwei Mittelwerte verglichen werden sollen. Es müssen also mindestens drei Mittelwerte vorliegen, die untereinander auf einen Unterschied hin untersucht werden sollen. Dabei spielt es zunächst keine Rolle, ob es sich um abhängige oder unabhängige Stichproben handelt. Weiterhin sollte Normalverteilung sowie Varianzhomogenität vorliegen.

Man unterscheidet bei den Varianzanalysen u.a. zwischen ein- und mehrfaktoriellen Verfahren. Dabei ist die Anzahl der Einflussfaktoren gemeint oder - im Sinne der Regression - die Anzahl der unabhängigen Merkmale. Inzwischen sind auch Verfahren üblich, die mit sogenannten Kovarianten rechnen, die ebenfalls Einfluss auf das untersuchte Merkmal nehmen. Der übliche Ansatz vor varianzanalytischen Versuchsplänen geht davon aus, dass die unabhängigen Merkmale bzw. Faktoren intervallskaliert vorliegen, also verschiedene Gruppen gebildet werden können.

Mit Hilfe der Varianzanalyse wird zunächst grundsätzlich festgestellt, ob die vorgegebenen Parameter, oder ob bei mehrfaktoriellen Untersuchungen die Kombination von vorgegebenen Parametern tatsächlich Einfluss ausüben. Wird ein allgemeiner, signifikanter Einfluss gefunden, so stellt sich anschließend die Frage, zwischen welchen Gruppen ein Unterschied besteht. Hierzu wird ein multipler Mittelwertvergleich eingesetzt.

Wie auch bei den Mittelwertvergleichen sind nicht nur metrische Vergleiche möglich, sondern es können auch rangskalierte Analysen durchgeführt werden (Verfahren nach Friedman oder Kruskal-Wallis). Weiterhin können Varianzanalysen mit Messwiederholung auf einem oder mehreren Faktoren durchgeführt werden, die allerdings ein etwas anderes Datendesign bei der Dateneingabe benötigen.

In diesem Kapitel soll nur beispielhaft eine einfaktorielle Varianzanalyse demonstriert werden. Es sei für den interessierten Leser auf die weiterführende Literatur verwiesen.

8.2   Einfaktorielle Varianzanalyse als Beispiel

Grundidee der Varianzanalyse ist - wie der Name schon andeutet - eine Zerlegung der Varianz in einer gegebenen Stichprobe. Die Variable x hat in einer Stichprobe den Mittelwert $\overline{x}$, zu dem eine Varianz s berechnet werden kann. Nehmen wir an, ein Merkmal a mit k Merkmalsausprägungen soll einen Einfluss auf die Variable x haben. Wenn dem so ist, dann kann jeder einzelne Messwert $x_{i,\,j}$ wie folgt dargestellt werden:

$$x_{i,j} = \overline{x} + a_i + e_{i,j}$$

Diese neue Schreibweise können wir folgendermaßen beschreiben: $x_{i,j}$ kann zerlegt werden in den Mittelwert der Gesamtstichprobe, den Anteil a_i, der als Effekt der i-ten Merkmalsausprägung des Merkmals a zugeordnet werden kann und in eine individuelle Schwankung des Messwertes $e_{i,j}$. Sind alle a_i-Werte gleich, dann würden sie in $\overline{x}$ aufgehen und verschwinden. Das Merkmal a hätte keinen (nachweisbaren) Einfluss.

Das Verfahren in den einzelnen Schritten:

Gegeben sei ein Merkmal x und ein Faktor a, anhand dessen die Stichproben in k Gruppen unterteilt werden können. Es muss vorausgesetzt werden, dass die Varianzen zwischen den Gruppen gleich sind (Varianzhomogenität, siehe F-Test Kap. 5.4.1). Vergleichsverfahren hierzu können der Literatur entnommen werden.

1. Hypothesenbildung

    H_0: $\tilde{a}_i = 0$ für alle Gruppen i

    H_1: Es existieren zwei Gruppen i, j mit $\tilde{a}_i \neq \tilde{a}_j$

    Anmerkung: $\tilde{a}$ gibt den jeweiligen Gruppeneinfluss *in der Grundgesamtheit* an.

2. Signifikanzniveau α festlegen

3. Den kritischen Grenzwert G bestimmt man aus der Tabelle für den F-Test (siehe Anhang Tab. 6b); die Anzahl der Freiheitsgrade #FG beträgt #FG = (k-1, n-k) (n = Stichprobenumfang).

4. Berechnung der Vergleichsgröße V:

$$V = \frac{\dfrac{1}{(k-1)} \cdot \left[\left(\sum\limits_{i=1}^{k} \dfrac{x_{i.}}{n_i} \right) - \dfrac{x_{...}}{n} \right]}{\dfrac{1}{(n-k)} \cdot \left[\sum\limits_{i=1}^{k} \sum\limits_{j=1}^{n_i} x_{i,j} - \sum\limits_{i=1}^{k} \dfrac{x_{i.}}{n_i} \right]}$$

$x_{i,j}$ bezeichnet den einzelnen Messwert, $x_{i.}$ die jeweilige Summe der Messwerte in einer Gruppe, $x_{..}$ die Summe aller Messwerte.

Anmerkung: Wie der entsprechenden Literatur zu entnehmen ist, wird der Zähler aus dem Anteil der Varianz berechnet, der aus der Gruppenzugehörigkeit entsteht. Der Nenner entspricht der Restvarianz, die durch die individuelle Schwankung $e_{i,j}$ entsteht.

5. Vergleich von kritischer Grenze G und Vergleichsgröße V

    V < G: H_0 kann nicht widerlegt werden

    V $\geq$ G: H_1 wird mit der Irrtumswahrscheinlichkeit $p \leq \alpha$ angenommen

BEISPIEL:

In drei Gruppen, die sich im Trainingszustand unterscheiden, wird die Herzfrequenz [min^{-1}] in Ruhe gemessen. Die zu untersuchende Größe, bzw. abhängige Variable x, ist die Herzfrequenz, der vermutete Einflussfaktor a der Trainingszustand, k = 3. Es wird vorausgesetzt, dass die Varianzen gleich sind. Die Messwerte:

Gruppe 1 (schlecht trainiert)	Gruppe 2 (mittel trainiert)	Gruppe 3 (gut trainiert)
67	63	54
64	62	55
65	60	57
63	61	59
66		58
		60

1. Hypothesenbildung

   H_0: $\tilde{a}_i = 0$ für alle Gruppen i

   („Der Trainingszustand hat keinen Einfluss auf die Ruheherzfrequenz")

   H_1: Es existieren zwei Gruppen i, j mit $\tilde{a}_i \neq \tilde{a}_j$

   („Der Trainingszustand hat einen Einfluss auf die Ruheherzfrequenz")

2. Signifikanzniveau α festlegen: $\alpha = 5\%$

3. #FG = (2, 12), G = 3,89

4. Berechnung der Vergleichsgröße V:

   $n_1 = 5$, $n_2 = 4$, $n_3 = 6$ $x_{1.} = 325$, $x_{2.} = 246$, $x_{3.} = 343$, $x_{..} = 914$

   $$\sum_{i=1}^{3} \frac{x_{i.}}{n_i} = 55862,17 \; ; \; \sum_{i=1}^{k} \sum_{j=1}^{n_i} x_{i,j} = 55904$$

   $$V = \frac{\frac{1}{2} \cdot [55862,17 - \frac{914^2}{15}]}{\frac{1}{12} \cdot [55904 - 55862,17]} = 24,23$$

5. V = 24,26 > G = 3,89: H_1 wird mit $p \leq \alpha$ angenommen, der Trainingszustand hat einen Einfluss auf die Ruheherzfrequenz.

Hier wird sich i.d.R. ein Vergleich der Gruppen anschließen, da von Interesse ist, welche der einzelnen Gruppen sich untereinander unterscheiden. Die Alternativhypothese erlaubt nur die Aussage, dass es mindestens zwei Gruppen gibt, die voneinander unterschiedlich sind. Welche Gruppen dies betrifft wird an dieser Stelle nicht bestimmt.

Mit dem Programmpaket SPSS sind einige varianzanalytische Anwendungen möglich.
Die einfachste Möglichkeit startet man über

Analysieren

   Mittelwertvergleiche

      Einfaktorielle ANOVA...

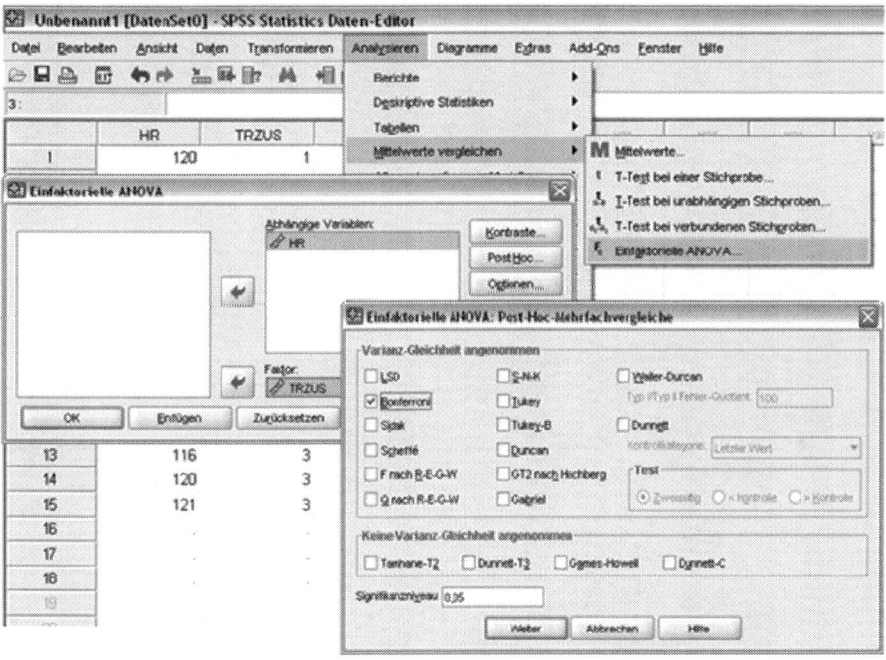

Abb. 29: Menüfenster zur Berechnung einer einfaktoriellen ANOVA in SPSS

In diesem Fenster muss die abhängige (zu untersuchende) Variable definiert werden.
In *„Faktor"* trägt man die Variable ein, welche die Gruppenzugehörigkeit definiert. Es
muss sich hierbei also um eine Variable handeln, die nur eine kleine Anzahl von
Merkmalsausprägungen enthält. Für diesen Faktor ist der Bereich (*„Bereich def. ..."*;
Minimum und Maximum angeben) zu definieren, in dem die jeweiligen Gruppen zu
finden sind. Unter *„Post Hoc ..."* können multiple Mittelwertvergleiche angefordert
werden. Zu empfehlen ist hier der Bonferroni-Test. Allerdings sollte dieser Teil nur
gerechnet werden, wenn die zuvor durchgeführte Varianzanalyse einen signifikanten
Einfluss des festgelegten Faktors aufweist.

In dem unten dargestellten Beispiel wurde als abhängige Variable HR gewählt, während TRZUS (Wertebereich 1-3) als Faktor ausgewählt wurde. Dazu wurde außerdem ein Bonferroni-Test als multipler post-hoc Mittelwertvergleich angefordert.

ONEWAY ANOVA (Einfaktorielle Varianzanalyse)

Herzfrequenz

	Quadratsumme	df	Mittel der Quadrate	F	Signifikanz
Zwischen den Gruppen	686,111	2	343,056	24,939	,000
Innerhalb der Gruppen	206,333	15	13,756		
Gesamt	892,444	17			

Post-Hoc-Tests

Mehrfachvergleiche

Herzfrequenz

Bonferroni

(I) Gruppe	(J) Gruppe	Mittlere Differenz (I-J)	Standard-fehler	Signifikanz	95%-Konfidenzintervall	
					Untergrenze	Obergrenze
1,00	2,00	-9,16667*	2,141	,002	-14,935	-3,399
	3,00	-15,00000*	2,141	,000	-20,768	-9,232
2,00	1,00	9,16667*	2,141	,002	3,399	14,935
	3,00	-5,83333*	2,141	,047	-11,601	-,065
3,00	1,00	15,00000*	2,141	,000	9,232	20,768
	2,00	5,83333*	2,141	,047	,065	11,601

*= Die Differenz der Mittelwerte ist auf dem Niveau 0.05 signifikant.

Unter der ersten Überschrift „Einfaktoriell/ANOVA" folgt das Ergebnis der Varianzanalyse. Unter der Spalte „Signifikanz" findet man die Irrtumswahrscheinlichkeit für die Alternativhypothese, „die mit TRZUS festgelegten Gruppen haben einen signifikanten Unterschied in V1". In diesem Beispiel liegt die Irrtumswahrscheinlichkeit unter der ausgedruckten Genauigkeit und wird daher mit 0,000 (also: <0,0005) angegeben. Der angeforderte multiple Mittelwertvergleich nach Bonferroni wird folglich interpretiert.

Im zweiten Teil des ANOVA-Ausdrucks ist das Ergebnis der Bonferroni-Tests wiedergegeben. Alle Vergleiche sind signifikant, wobei der Vergleich 2 vs. 3 mit 4,7% am schwächsten ist. Die Mittlere Differenz wird durch eine Subtraktion von Mittelwert I - J berechnet. Hieran erkennt man, welcher der beiden Werte den geringeren darstellt. Die Signifikanz muss Zeilenweise gelesen werden. Hierbei ist in den grau hinterlegten Zeilen der Signifikanzwert von Gruppe 2 und Gruppe 3 zu sehen. Dieser ist aufgrund der Darstellungsform in zwei Zeilen zu erkennen. Dies gilt für jeden der Mittelwertvergleiche.

Über diese Möglichkeit hinaus bietet SPSS unter

Analysieren

   Allgemeines lineares Modell...

ein breites Spektrum varianzanalytischer Verfahren, insbesondere mehrfaktorielle Analysen mit und ohne Messwiederholung. Allerdings werden im Falle von Messwiederholungen keine Zellvergleiche angeboten. Unter dem Fenster „Nichtparametrische Tests" finden sich auch die entsprechenden Verfahren für ordinalskalierte Merkmale wie Friedman Test oder Kruskal-Wallis Test.

Genaueres zu vielen Formen der Varianzanalyse und Kapitel 8 findet man in der SPSS-Hilfe und in der Testsammlung unter „*Varianzanalysen*".

ZUSAMMENFASSUNG:

Kapitel 8 befasst sich mit der einfaktoriellen Varianzanalyse. Sie ist das Mittel der Analyse von metrischen Daten in mehr als zwei Untersuchungsruppen oder bei einer aufgetretenen Messwiederholung innerhalb verschiedener Gruppen. Als Berechnungsgrundlage dienen dabei die Varianzen der jeweils erstellbaren Gruppen, die einen Einfluss auf die abhängige Variable, die untersucht wird, darstellen.

9 Literatur

Gläser, Wilhelm R.: **Varianzanalyse**. Gustav-Fischer-Verlag, Stuttgart, 1978.

Kähler, Wolf-Michael: **SPSS für Windows**. Verlag Vieweg, Braunschweig/Wiesbaden, 1994.

Kreyszig, Erwin: **Statistische Methoden und ihre Anwendungen**. Verlag Vandenhoeck & Ruprecht, Göttingen, 1991.

Sachs, Lothar; Hedderich, Jürgen: **Angewandte Statistik - Anwendung statistischer Methoden**. Springer-Verlag, Berlin, 2006.

Sachs, Lothar: **Statistische Methoden: Planung und Auswertung**. Springer-Verlag, Berlin, 1988.

Lindenberg, Andreas; Wagner, Irmgard: **Statistik macchiato**. Pearson Studium, München, 2007

Bortz, Jürgen; Döring, Nicola: **Forschungsmethoden und Evaluation für Human- und Sozialwissenschaftler**. Springer-Medizin-Verlag, Heidelberg, 2006.

10 Anhang

10.1 Verteilungstabellen

Tabelle 1: Signifikanzschranken für einen χ^2-Test

#FG	α=10%	α=5%	α=1%	#FG	α=10%	α=5%	α=1%
1	2,71	3,84	6,63	14	21,06	23,68	29,14
2	4,61	5,99	9,21	15	22,31	25,00	30,58
3	6,25	7,81	11,34	16	23,54	26,30	32,00
4	7,78	9,49	13,28	17	24,77	27,59	33,41
5	9,24	11,07	15,09	18	25,99	28,87	34,81
6	10,64	12,59	16,81	19	27,20	30,14	36,19
7	12,02	14,07	18,48	20	28,41	31,41	37,57
8	13,36	15,51	20,09	22	30,81	33,92	40,29
9	14,68	16,92	21,67	24	33,20	36,42	42,98
10	15,99	18,31	23,21	26	35,56	38,89	45,64
11	17,28	19,68	24,73	28	37,92	41,34	48,28
12	18,55	21,03	26,22	30	40,26	43,77	50,89
13	19,81	22,36	27,69				

Tabelle 2: KS-Test-Tabelle

Tabelle für kritische Grenzen G für den Kolmogorov-Smirnov-Test auf Normalverteilung mit $\mu = \bar{x}$ und $\sigma = s$ der Stichprobe (Lilliefors-Korrektur).

n	5	8	10	12	15	17	20	25	30	>30
α=10%	0,319	0,265	0,265	0,222	0,201	0,190	0,176	0,159	0,146	$\dfrac{0,805}{\sqrt{n}}$
α=5%	0,343	0,288	0,288	0,242	0,219	0,207	0,192	0,173	0,159	$\dfrac{0,886}{\sqrt{n}}$
α=1%	0,397	0,333	0,333	0,281	0,254	0,240	0,223	0,201	0,185	$\dfrac{1,031}{\sqrt{n}}$

Tabelle 3: Normalverteilungstabelle

z	Φ(z)	Φ(-z)	z	Φ(z)	Φ(-z)	z	Φ(z)	Φ(-z)
0,00	,500	,500	0,50	,692	,309	1,00	,841	,159
0,01	,504	,496	0,51	,695	,305	1,01	,844	,156
0,02	,508	,492	0,52	,699	,302	1,02	,846	,154
0,03	,512	,488	0,53	,702	,298	1,03	,849	,152
0,04	,516	,484	0,54	,705	,295	1,04	,851	,149
0,05	,520	,480	0,55	,709	,291	1,05	,853	,147
0,06	,524	,476	0,56	,712	,288	1,06	,855	,145
0,07	,528	,472	0,57	,716	,284	1,07	,858	,142
0,08	,532	,468	0,58	,719	,281	1,08	,860	,140
0,09	,536	,464	0,59	,722	,278	1,09	,862	,138
0,10	,540	,460	0,60	,726	,274	1,10	,864	,136
0,11	,544	,456	0,61	,729	,271	1,11	,867	,134
0,12	,548	,452	0,62	,732	,268	1,12	,869	,131
0,13	,552	,448	0,63	,736	,264	1,13	,871	,129
0,14	,556	,444	0,64	,739	,261	1,14	,873	,127
0,15	,560	,440	0,65	,742	,258	1,15	,875	,125
0,16	,564	,436	0,66	,745	,255	1,16	,877	,123
0,17	,568	,433	0,67	,749	,251	1,17	,879	,121
0,18	,571	,429	0,68	,752	,248	1,18	,881	,119
0,19	,575	,425	0,69	,755	,245	1,19	,883	,117
0,20	,579	,421	0,70	,758	,242	1,20	,885	,115
0,21	,583	,417	0,71	,761	,239	1,21	,887	,113
0,22	,587	,413	0,72	,764	,236	1,22	,889	,111
0,23	,591	,409	0,73	,767	,233	1,23	,891	,109
0,24	,595	,405	0,74	,770	,230	1,24	,893	,108
0,25	,599	,401	0,75	,773	,227	1,25	,894	,106
0,26	,603	,397	0,76	,776	,224	1,26	,896	,104
0,27	,606	,394	0,77	,779	,221	1,27	,898	,102
0,28	,610	,390	0,78	,782	,218	1,28	,900	,100
0,29	,614	,386	0,79	,785	,215	1,29	,902	,099
0,30	,618	,382	0,80	,788	,212	1,30	,903	,097
0,31	,622	,378	0,81	,791	,209	1,31	,905	,095
0,32	,626	,375	0,82	,794	,206	1,32	,907	,093
0,33	,629	,371	0,83	,797	,203	1,33	,908	,092
0,34	,633	,367	0,84	,800	,201	1,34	,910	,090
0,35	,637	,363	0,85	,802	,198	1,35	,912	,089
0,36	,641	,359	0,86	,805	,195	1,36	,913	,087
0,37	,644	,356	0,87	,808	,192	1,37	,915	,085
0,38	,648	,352	0,88	,811	,189	1,38	,916	,084
0,39	,652	,348	0,89	,813	,187	1,39	,918	,082
0,40	,655	,345	0,90	,816	,184	1,40	,919	,081
0,41	,659	,341	0,91	,819	,181	1,41	,921	,079
0,42	,663	,337	0,92	,821	,179	1,42	,922	,078
0,43	,666	,334	0,93	,824	,176	1,43	,924	,076
0,44	,670	,330	0,94	,826	,174	1,44	,925	,075
0,45	,674	,326	0,95	,829	,171	1,45	,927	,074
0,46	,677	,323	0,96	,832	,169	1,46	,928	,072
0,47	,681	,319	0,97	,834	,166	1,47	,929	,071
0,48	,684	,316	0,98	,837	,164	1,48	,931	,069
0,49	,688	,312	0,99	,839	,161	1,49	,932	,068
0,50	,692	,309	1,00	,841	,159	1,50	,933	,067

Tabelle 3: Normalverteilungstabelle

z	Φ(z)	Φ(-z)	z	Φ(z)	Φ(-z)	z	Φ(z)	Φ(-z)
1,50	,933	,067	2,00	,977	,023	2,51	,994	,006
1,51	,935	,066	2,01	,978	,022	2,52	,994	,006
1,52	,936	,064	2,02	,978	,022	2,53	,994	,006
1,53	,937	,063	2,03	,979	,021	2,54	,994	,006
1,54	,938	,062	2,04	,979	,021	2,55	,995	,006
1,55	,939	,061	2,05	,980	,020	2,56	,995	,005
1,56	,941	,059	2,06	,980	,020	2,57	,995	,005
1,57	,942	,058	2,07	,981	,019	2,58	,995	,005
1,58	,943	,057	2,08	,981	,019	2,59	,995	,005
1,59	,944	,056	2,09	,982	,018	2,60	,995	,005
1,60	,945	,055	2,10	,982	,018	2,61	,995	,005
1,61	,946	,054	2,11	,983	,017	2,62	,996	,005
1,62	,947	,053	2,12	,983	,017	2,63	,996	,004
1,63	,948	,052	2,13	,983	,017	2,64	,996	,004
1,64	,950	,051	2,14	,984	,016	2,65	,996	,004
1,65	,951	,049	2,15	,984	,016	2,66	,996	,004
1,66	,952	,048	2,16	,985	,015	2,67	,996	,004
1,67	,953	,047	2,17	,985	,015	2,68	,996	,004
1,68	,954	,046	2,18	,985	,015	2,69	,996	,004
1,69	,955	,046	2,19	,986	,014	2,70	,996	,004
1,70	,955	,045	2,20	,986	,014	2,71	,997	,003
1,71	,956	,044	2,21	,986	,014	2,72	,997	,003
1,72	,957	,043	2,22	,987	,013	2,73	,997	,003
1,73	,958	,042	2,23	,987	,013	2,74	,997	,003
1,74	,959	,041	2,24	,988	,013	2,75	,997	,003
1,75	,960	,040	2,25	,988	,012	2,76	,997	,003
1,76	,961	,039	2,26	,988	,012	2,77	,997	,003
1,77	,962	,038	2,27	,988	,012	2,78	,997	,003
1,78	,963	,038	2,28	,989	,011	2,79	,997	,003
1,79	,963	,037	2,29	,989	,011	2,80	,997	,003
1,80	,964	,036	2,30	,989	,011	2,81	,997	,003
1,81	,965	,035	2,31	,990	,010	2,82	,998	,002
1,82	,966	,034	2,32	,990	,010	2,83	,998	,002
1,83	,966	,034	2,33	,990	,010	2,84	,998	,002
1,84	,967	,033	2,34	,990	,010	2,85	,998	,002
1,85	,968	,032	2,35	,991	,009	2,86	,998	,002
1,86	,969	,031	2,36	,991	,009	2,87	,998	,002
1,87	,969	,031	2,37	,991	,009	2,88	,998	,002
1,88	,970	,030	2,38	,991	,009	2,89	,998	,002
1,89	,971	,029	2,39	,992	,008	2,90	,998	,002
1,90	,971	,029	2,40	,992	,008	2,91	,998	,002
1,91	,972	,028	2,41	,992	,008	2,92	,998	,002
1,92	,973	,027	2,42	,992	,008	2,93	,998	,002
1,93	,973	,027	2,43	,993	,008	2,94	,998	,002
1,94	,974	,026	2,44	,993	,007	2,95	,998	,002
1,95	,974	,026	2,45	,993	,007	2,96	,998	,002
1,96	,975	,025	2,46	,993	,007	2,97	,999	,002
1,97	,976	,024	2,47	,993	,007	2,98	,999	,001
1,98	,976	,024	2,48	,993	,007	2,99	,999	,001
1,99	,977	,023	2,49	,994	,006	3,00	,999	,001
2,00	,977	,023	2,50	,994	,006	3,01	,999	,001

Tabelle 4: t-Test-Tabelle

Kritische Grenzen für t-Test bei *einseitiger* Alternativhypothese

α	Anzahl der Freiheitsgrade (#FG)									
	1	2	3	4	5	6	7	8	9	10
5%	6,31	2,92	2,35	2,13	2,02	1,91	1,90	1,86	1,83	1,81
2,5%	12,70	4,30	3,18	2,78	2,57	2,45	2,37	2,31	2,26	2,23
1%	31,80	6,97	4,45	3,75	3,37	3,14	3,00	2,90	2,82	2,76
0,5%	63,70	9,93	5,84	4,60	4,03	3,71	3,50	3,36	3,25	3,17

α	Anzahl der Freiheitsgrade (#FG)									
	11	12	13	14	15	16	17	18	19	20
5%	1,80	1,78	1,77	1,76	1,75	1,75	1,74	1,73	1,73	1,73
2,5%	2,20	2,18	2,16	2,15	2,13	2,12	2,11	2,10	2,09	2,09
1%	2,72	2,68	2,65	2,62	2,60	2,58	2,57	2,55	2,54	2,53
0,5%	3,11	3,06	3,01	2,98	2,95	2,92	2,90	2,88	2,86	2,85

α	Anzahl der Freiheitsgrade (#FG)									
	22	24	26	28	30	40	50	100	200	∞
5%	1,72	1,71	1,71	1,70	1,70	1,68	1,68	1,66	1,65	1,65
2,5%	2,07	2,06	2,06	2,05	2,04	2,02	2,01	1,98	1,97	1,96
1%	2,51	2,49	2,48	2,47	2,46	2,42	2,40	2,37	2,35	2,33
0,5%	2,82	2,80	2,78	2,76	2,75	2,70	2,68	2,63	2,60	2,58

Tabelle 5: Kritische Werte für den Wilcoxon-Paardifferenzen-Test

n	zweiseitig		einseitig		n	zweiseitig		einseitig	
	$\alpha = 5\%$	$\alpha = 1\%$	$\alpha = 5\%$	$\alpha = 1\%$		$\alpha = 5\%$	$\alpha = 1\%$	$\alpha = 5\%$	$\alpha = 1\%$
6	0		2		36	208	171	227	185
7	2		3	0	37	221	182	241	198
8	3	0	5	1	38	235	194	256	211
9	5	1	8	3	39	249	207	271	224
10	8	3	10	5	40	264	220	286	238
11	10	5	13	7	41	279	233	302	252
12	13	7	17	9	42	294	247	319	266
13	17	9	21	12	43	310	261	336	281
14	21	12	25	15	44	327	276	353	296
15	25	15	30	19	45	343	291	371	312
16	29	19	35	23	46	361	307	389	328
17	34	23	41	27	47	378	322	407	345
18	40	27	47	32	48	396	339	426	362
19	46	32	53	37	49	415	355	446	379
20	52	37	60	43	50	434	373	466	397
21	58	42	67	49	51	453	390	486	416
22	65	48	75	55	52	473	408	507	434
23	73	54	83	62	53	494	427	529	454
24	81	61	91	69	54	514	445	550	473
25	89	68	100	76	55	536	465	573	493
26	98	75	110	84	56	557	484	595	514
27	107	83	119	92	57	579	504	618	535
28	116	91	130	101	58	602	525	642	556
29	126	100	140	110	59	625	546	666	578
30	137	109	151	120	60	648	567	690	600
31	147	118	163	130	61	672	589	715	623
32	159	128	175	140	62	697	611	741	646
33	170	138	187	151	63	721	634	767	669
34	182	148	200	162	64	747	657	793	693
35	195	159	213	173	65	772	681	820	718

Tabelle 6a) Obere Signifikanzschranken der F-Verteilung für P = 0,1 (α = 10%), ν_A = FG des Zählers; ν_B = FG des Nenners

ν_B \ ν_A	1	2	3	4	5	6	7	8	9	10	12	15	20	24	30	40	60	120	∞
1	39,86	49,50	53,59	55,83	57,24	58,20	58,91	59,44	59,86	60,19	60,71	61,22	61,74	62,00	62,26	62,53	62,79	63,06	63,33
2	8,53	9,00	9,16	9,24	9,29	9,33	9,35	9,37	9,38	9,39	9,41	9,42	9,44	9,45	9,46	9,47	9,47	9,48	9,49
3	5,54	5,46	5,39	5,34	5,31	5,28	5,27	5,25	5,24	5,23	5,22	5,20	5,18	5,18	5,17	5,16	5,15	5,14	5,13
4	4,54	4,32	4,19	4,11	4,05	4,01	3,98	3,95	3,94	3,92	3,90	3,87	3,84	3,83	3,82	3,80	3,79	3,78	3,76
5	4,06	3,78	3,62	3,52	3,45	3,40	3,37	3,34	3,32	3,30	3,27	3,24	3,21	3,19	3,17	3,16	3,14	3,12	3,10
6	3,78	3,46	3,29	3,18	3,11	3,05	3,01	2,98	2,96	2,94	2,90	2,87	2,84	2,82	2,80	2,78	2,76	2,74	2,72
7	3,59	3,26	3,07	2,96	2,88	2,83	2,78	2,75	2,72	2,70	2,67	2,63	2,59	2,58	2,56	2,54	2,51	2,49	2,47
8	3,46	3,11	2,92	2,81	2,73	2,67	2,62	2,59	2,56	2,54	2,50	2,46	2,42	2,40	2,38	2,36	2,34	2,32	2,29
9	3,36	3,01	2,81	2,69	2,61	2,55	2,51	2,47	2,44	2,42	2,38	2,34	2,30	2,28	2,25	2,23	2,21	2,18	2,16
10	3,29	2,92	2,73	2,61	2,52	2,46	2,41	2,38	2,35	2,32	2,28	2,24	2,20	2,18	2,16	2,13	2,11	2,08	2,06
11	3,23	2,86	2,66	2,54	2,45	2,39	2,34	2,30	2,27	2,25	2,21	2,17	2,12	2,10	2,08	2,05	2,03	2,00	1,97
12	3,18	2,81	2,61	2,48	2,39	2,33	2,28	2,24	2,21	2,19	2,15	2,10	2,06	2,04	2,01	1,99	1,96	1,93	1,90
13	3,14	2,76	2,56	2,43	2,35	2,28	2,23	2,20	2,16	2,14	2,10	2,05	2,01	1,98	1,96	1,93	1,90	1,88	1,85
14	3,10	2,73	2,52	2,39	2,31	2,24	2,19	2,15	2,12	2,10	2,05	2,01	1,96	1,94	1,91	1,89	1,86	1,83	1,80
15	3,07	2,70	2,49	2,36	2,27	2,21	2,16	2,12	2,09	2,06	2,02	1,97	1,92	1,90	1,87	1,85	1,82	1,79	1,76
16	3,05	2,67	2,46	2,33	2,24	2,18	2,14	2,09	2,06	2,03	1,99	1,94	1,89	1,87	1,84	1,81	1,78	1,75	1,72
17	3,03	2,64	2,44	2,31	2,22	2,15	2,10	2,06	2,03	2,00	1,96	1,91	1,86	1,84	1,81	1,78	1,75	1,72	1,69
18	3,01	2,62	2,42	2,29	2,20	2,13	2,08	2,04	2,00	1,98	1,93	1,89	1,84	1,81	1,78	1,75	1,72	1,69	1,66
19	2,99	2,61	2,40	2,27	2,18	2,11	2,06	2,02	1,98	1,96	1,91	1,86	1,81	1,79	1,76	1,73	1,70	1,67	1,63
20	2,97	2,59	2,38	2,25	2,16	2,09	2,04	2,00	1,96	1,94	1,89	1,84	1,79	1,77	1,74	1,71	1,68	1,64	1,61
21	2,96	2,57	2,36	2,23	2,14	2,08	2,02	1,98	1,95	1,92	1,87	1,83	1,78	1,75	1,72	1,69	1,66	1,62	1,59
22	2,95	2,56	2,35	2,22	2,13	2,06	2,01	1,97	1,93	1,90	1,86	1,81	1,76	1,73	1,70	1,67	1,64	1,60	1,57
23	2,94	2,55	2,34	2,21	2,11	2,05	1,99	1,95	1,92	1,89	1,84	1,80	1,74	1,72	1,69	1,66	1,62	1,59	1,55
24	2,93	2,54	2,33	2,19	2,10	2,04	1,98	1,94	1,91	1,88	1,83	1,78	1,73	1,70	1,67	1,64	1,61	1,57	1,53
25	2,92	2,53	2,32	2,18	2,09	2,02	1,97	1,93	1,89	1,87	1,82	1,77	1,72	1,69	1,66	1,63	1,59	1,56	1,52
26	2,91	2,52	2,31	2,17	2,08	2,01	1,96	1,92	1,88	1,86	1,81	1,76	1,71	1,68	1,65	1,61	1,58	1,54	1,50
27	2,90	2,51	2,30	2,17	2,07	2,00	1,95	1,91	1,87	1,85	1,80	1,75	1,70	1,67	1,64	1,60	1,57	1,53	1,49
28	2,89	2,50	2,29	2,16	2,06	2,00	1,94	1,90	1,87	1,84	1,79	1,74	1,69	1,66	1,63	1,59	1,56	1,52	1,48
29	2,89	2,50	2,28	2,15	2,06	1,99	1,93	1,89	1,86	1,83	1,78	1,73	1,68	1,65	1,62	1,58	1,55	1,51	1,47
30	2,88	2,49	2,28	2,14	2,05	1,98	1,93	1,88	1,85	1,82	1,77	1,72	1,67	1,64	1,61	1,57	1,54	1,50	1,46
40	2,84	2,44	2,23	2,09	2,00	1,93	1,87	1,83	1,79	1,76	1,71	1,66	1,61	1,57	1,54	1,51	1,47	1,42	1,38
60	2,79	2,39	2,18	2,04	1,95	1,87	1,82	1,77	1,74	1,71	1,66	1,60	1,54	1,51	1,48	1,44	1,40	1,35	1,29
120	2,75	2,35	2,13	1,99	1,90	1,82	1,77	1,72	1,68	1,65	1,60	1,55	1,48	1,45	1,41	1,37	1,32	1,26	1,19
∞	2,71	2,30	2,08	1,94	1,85	1,77	1,72	1,67	1,63	1,60	1,55	1,49	1,42	1,38	1,34	1,30	1,24	1,17	1,00

Tabelle 6b) Obere Signifikanzschranken der F-Verteilung für P = 0,05 (α = 5%); ν_A = FG des Zählers; ν_B = FG des Nenners

ν_B \ ν_A	1	2	3	4	5	6	7	8	9	10	12	15	20	24	30	40	60	120	∞
1	161,4	199,50	215,70	224,60	230,20	234,00	236,80	238,90	240,50	241,90	243,90	245,90	248,00	249,10	250,10	251,10	252,2	253,3	254,3
2	18,51	19,00	19,16	19,25	19,30	19,33	19,35	19,37	19,38	19,40	19,41	19,43	19,45	19,45	19,46	19,47	19,48	19,49	19,50
3	10,13	9,55	9,28	9,12	9,01	8,94	8,89	8,85	8,81	8,79	8,74	8,70	8,66	8,64	8,62	8,59	8,57	8,55	8,53
4	7,71	6,94	6,59	6,39	6,26	6,16	6,09	6,04	6,00	5,96	5,91	5,86	5,80	5,77	5,75	5,72	5,69	5,66	5,63
5	6,61	5,79	5,41	5,19	5,05	4,95	4,88	4,82	4,77	4,74	4,68	4,62	4,56	4,53	4,50	4,46	4,43	4,40	4,36
6	5,99	5,14	4,76	4,53	4,39	4,28	4,21	4,15	4,10	4,06	4,00	3,94	3,87	3,84	3,81	3,77	3,74	3,70	3,67
7	5,59	4,74	4,35	4,12	3,97	3,87	3,79	3,73	3,68	3,64	3,57	3,51	3,44	3,41	3,38	3,34	3,30	3,27	3,23
8	5,32	4,46	4,07	3,84	3,69	3,58	3,50	3,44	3,39	3,35	3,28	3,22	3,15	3,12	3,08	3,04	3,01	2,97	2,93
9	5,12	4,26	3,86	3,63	3,48	3,37	3,29	3,23	3,18	3,14	3,07	3,01	2,94	2,90	2,86	2,83	2,79	2,75	2,71
10	4,96	4,10	3,71	3,48	3,33	3,22	3,14	3,07	3,02	2,98	2,91	2,85	2,77	2,74	2,70	2,66	2,62	2,58	2,54
11	4,84	3,98	3,59	3,36	3,20	3,09	3,01	2,95	2,90	2,85	2,79	2,72	2,65	2,61	2,57	2,53	2,49	2,45	2,40
12	4,75	3,89	3,49	3,26	3,11	3,00	2,91	2,85	2,80	2,75	2,69	2,62	2,54	2,51	2,47	2,43	2,38	2,34	2,30
13	4,67	3,81	3,41	3,18	3,03	2,92	2,83	2,77	2,71	2,67	2,60	2,53	2,46	2,42	2,38	2,34	2,30	2,25	2,21
14	4,6	3,74	3,34	3,11	2,96	2,85	2,76	2,70	2,65	2,60	2,53	2,46	2,39	2,35	2,31	2,27	2,22	2,18	2,13
15	4,54	3,68	3,29	3,06	2,90	2,79	2,71	2,64	2,59	2,54	2,48	2,40	2,33	2,29	2,25	2,20	2,16	2,11	2,07
16	4,49	3,63	3,24	3,01	2,85	2,74	2,66	2,59	2,54	2,49	2,42	2,35	2,28	2,24	2,19	2,15	2,11	2,06	2,01
17	4,45	3,59	3,20	2,96	2,81	2,70	2,61	2,55	2,49	2,45	2,38	2,31	2,23	2,19	2,15	2,10	2,06	2,01	1,96
18	4,41	3,55	3,16	2,93	2,77	2,66	2,58	2,51	2,46	2,41	2,34	2,27	2,19	2,15	2,11	2,06	2,02	1,97	1,92
19	4,38	3,52	3,13	2,90	2,74	2,63	2,54	2,48	2,42	2,38	2,31	2,23	2,16	2,11	2,07	2,03	1,98	1,93	1,88
20	4,35	3,49	3,10	2,87	2,71	2,60	2,51	2,45	2,39	2,35	2,28	2,20	2,12	2,08	2,04	1,99	1,95	1,90	1,84
21	4,32	3,47	3,07	2,84	2,68	2,57	2,49	2,42	2,37	2,32	2,25	2,18	2,10	2,05	2,01	1,96	1,92	1,87	1,81
22	4,3	3,44	3,05	2,82	2,66	2,55	2,46	2,40	2,34	2,30	2,23	2,15	2,07	2,03	1,98	1,94	1,89	1,84	1,78
23	4,28	3,42	3,03	2,80	2,64	2,53	2,44	2,37	2,32	2,27	2,20	2,13	2,05	2,01	1,96	1,91	1,86	1,81	1,76
24	4,26	3,40	3,01	2,78	2,62	2,51	2,42	2,36	2,30	2,25	2,18	2,11	2,03	1,98	1,94	1,89	1,84	1,79	1,73
25	4,24	3,39	2,99	2,76	2,60	2,49	2,40	2,34	2,28	2,24	2,16	2,09	2,01	1,96	1,92	1,87	1,82	1,77	1,71
26	4,23	3,37	2,38	2,74	2,59	2,47	2,39	2,32	2,27	2,22	2,15	2,07	1,99	1,95	1,90	1,85	1,80	1,75	1,69
27	4,21	3,35	2,36	2,73	2,57	2,46	2,37	2,31	2,25	2,20	2,13	2,06	1,97	1,93	1,88	1,84	1,79	1,73	1,67
28	4,2	3,34	2,95	2,71	2,56	2,45	2,36	2,29	2,24	2,19	2,10	2,04	1,96	1,91	1,87	1,82	1,77	1,71	1,65
29	4,18	3,33	2,93	2,70	2,55	2,43	2,35	2,28	2,22	2,18	2,10	2,03	1,94	1,90	1,85	1,81	1,75	1,70	1,64
30	4,17	3,32	2,92	2,69	2,53	2,42	2,33	2,27	2,21	2,16	2,09	2,01	1,93	1,89	1,84	1,79	1,74	1,68	1,62
40	4,08	3,23	2,84	2,61	2,45	2,34	2,25	2,18	2,12	2,08	2,00	1,92	1,84	1,79	1,74	1,69	1,64	1,58	1,51
60	4	3,15	2,76	2,53	2,37	2,25	2,17	2,10	2,04	1,99	1,92	1,84	1,75	1,70	1,65	1,59	1,53	1,47	1,39
120	3,92	3,07	2,68	2,45	2,29	2,17	2,09	2,02	1,96	1,91	1,83	1,75	1,66	1,61	1,55	1,50	1,43	1,35	1,25
∞	3,84	3,00	2,60	2,37	2,21	2,10	2,01	1,94	1,88	1,83	1,75	1,67	1,57	1,52	1,46	1,39	1,32	1,22	1,00

Tabelle 7: Kritische Werte für den Mann-Whitney-U-Test

(für den einseitigen Test: $\alpha = 0{,}05$, für den zweiseitigen Test: $\alpha = 0{,}10$)

n_B	1	2	3	4	5	6	7	8	9	10	11	12	13	14	15	16	17	18	19	20
1	-																			
2	-	-																		
3	-	-	0																	
4	-	-	0	1																
5	-	0	1	2	4															
6	-	0	2	3	5	7														
7	-	0	2	4	6	8	11													
8	-	1	3	5	8	10	13	15												
9	-	1	4	6	9	12	15	18	21											
10	-	1	4	7	11	14	17	20	24	27										
11	-	1	5	8	12	16	19	23	27	31	34									
12	-	2	5	9	13	17	21	26	30	34	38	42								
13	-	2	6	10	15	19	24	28	33	37	42	47	51							
14	-	3	7	11	16	21	26	31	36	41	46	51	56	61						
15	-	3	7	12	18	23	28	33	39	44	50	55	61	66	72					
16	-	3	8	14	19	25	30	36	42	48	54	60	65	71	77	83				
17	-	3	9	15	20	26	33	39	45	51	57	64	70	77	83	89	96			
18	-	4	9	16	22	28	35	41	48	55	61	68	75	82	88	95	102	109		
19	0	4	10	17	23	30	37	44	51	58	65	72	80	87	94	101	109	116	123	
20	0	4	11	18	25	32	39	47	54	62	69	77	84	92	100	107	115	123	130	138
21	0	5	11	19	26	34	41	49	57	65	73	81	89	97	105	113	121	130	138	146
22	0	5	12	20	28	36	44	52	60	68	77	85	94	102	111	119	128	136	145	154
23	0	5	13	21	29	37	46	54	63	72	81	90	98	107	116	125	134	143	152	161
24	0	6	13	22	30	39	48	57	66	75	85	94	103	113	122	131	141	150	160	169
25	0	6	14	23	32	41	50	60	69	79	89	98	108	118	128	137	147	157	167	177
26	0	6	15	24	33	43	53	62	72	82	92	103	113	123	133	143	154	164	174	185
27	0	7	15	25	35	45	55	65	75	86	96	107	117	128	139	149	160	171	182	192
28	0	7	16	26	36	46	57	68	78	89	100	111	122	133	144	156	167	178	189	200
29	0	7	17	27	38	48	59	70	82	93	104	116	127	138	150	162	173	185	196	208
30	0	7	17	28	39	50	61	73	85	96	108	120	132	144	156	168	180	192	204	216
31	0	8	18	29	40	52	64	76	88	100	112	124	136	149	161	174	186	199	211	224
32	0	8	19	30	42	54	66	78	91	103	116	128	141	154	167	180	193	206	218	231
33	0	8	19	31	43	56	68	81	94	107	120	133	146	159	172	186	199	212	226	239
34	0	9	20	32	45	57	70	84	97	110	124	137	151	164	178	192	206	219	233	247
35	0	9	21	33	46	59	73	86	100	114	128	141	156	170	184	198	212	226	241	255
36	0	9	21	34	48	61	75	89	103	117	131	146	160	175	189	204	219	233	248	263
37	0	10	22	35	49	63	77	91	106	121	135	150	165	180	195	210	225	240	255	271
38	0	10	23	36	50	65	79	94	109	124	139	154	170	185	201	216	232	247	263	278
39	1	10	23	38	52	67	82	97	112	128	143	159	175	190	206	222	238	254	270	286+
40	1	11	24	39	53	68	84	99	115	131	147	163	179	196	212	228	245	261	278	294+

+ anhand der Normalverteilung approximierte Werte

Tabelle 8: Schranken für den Spearman'schen Rangkorrelationskoeffizienten

n	0,1%	0,5%	1%	2,5%	5%	10%
			Signifikanzniveau α			
4					0,8	0,8
5			0,9	0,9	0,8	0,7
6		0,9429	0,8857	0,8286	0,7714	0,6
7	0,9643	0,8929	0,8571	0,745	0,6786	0,5357
8	0,9286	0,8571	0,8095	0,6905	0,5952	0,4762
9	0,9	0,8167	0,7667	0,6833	0,5833	0,4667
10	0,8667	0,7818	0,7333	0,6364	0,5515	0,4424
11	0,8455	0,7545	0,7	0,6091	0,5273	0,4182
12	0,8182	0,7273	0,6713	0,5804	0,4965	0,3986
13	0,7912	0,6978	0,6429	0,5549	0,478	0,3791
14	0,767	0,6747	0,622	0,5341	0,4593	0,3626
15	0,7464	0,6536	0,6	0,5179	0,4429	0,35
16	0,7265	0,6324	0,5824	0,5	0,4265	0,3382
17	0,7083	0,6152	0,5637	0,4853	0,4118	0,326
18	0,6904	0,5975	0,548	0,4716	0,3994	0,3148
19	0,6737	0,5825	0,533	0,4579	0,3895	0,307
20	0,6586	0,5684	0,5203	0,4451	0,3789	0,2977
21	0,6455	0,5545	0,5078	0,4351	0,3688	0,2909
22	0,6318	0,5426	0,4963	0,4241	0,3597	0,2829
23	0,6186	0,5306	0,4852	0,415	0,3518	0,2767
24	0,607	0,52	0,4748	0,4061	0,3435	0,2704
25	0,5962	0,51	0,4654	0,3977	0,3362	0,2646
26	0,5856	0,5002	0,4564	0,3894	0,3299	0,2588
27	0,5757	0,4915	0,4481	0,3822	0,3236	0,254
28	0,566	0,4828	0,4401	0,3749	0,3175	0,249
29	0,5567	0,4744	0,432	0,3685	0,3113	0,2443
30	0,5479	0,4665	0,4251	0,362	0,3059	0,24

10.2 Rechenbeispiele:

Dieser Beispielteil soll nochmals die Rechnungen verdeutlichen und Hinweise und Tipps zu den einzelnen Schritten aufzeigen. Dabei sind alle vorgestellten Verfahren des Buches enthalten.

BEISPIEL 1: ABHÄNGIGER 4-FELDER-TEST

Es soll der Erfolg eines vorbereitenden Trainings auf die Eignungsprüfung der DSHS ausgewertet werden.

Hat die Situationsänderung vor zu nach dem Training Einfluss auf das Bestehen des Leistungstests?

		Vor dem Training	
		nicht bestanden	bestanden
Nach dem Training	nicht bestanden	111	130
	bestanden	165	209

H_0: Die Situation hatte keinen Einfluss auf das Ergebnis. Verhältnis $\Rightarrow$ b : c = 1 : 1

H_1: Die Situation hatte Einfluss. Verhältnis $\Rightarrow$ b : c $\neq$ 1 : 1

α = 5 %

G = 3,84

$$V = \frac{(b - c)^2}{(b + c + 1)} = \frac{(130 - 165)^2}{(130 + 165 + 1)} = \frac{35^2}{296} = \frac{1225}{296} = 4,14$$

Da V = 4,14 > G = 3,84 ist mit einer Irrtumswahrscheinlichkeit von 5 % belegt, dass die Situation einen Einfluss auf das Ergebnis des folgenden Tests hat. Hierbei kann nach Sichtung der Daten gesagt werden, dass das Training eher einen positiven Einfluss hat, da mehr Wechsler von „nicht bestanden" nach „bestanden" gewechselt haben.

BEISPIEL 2: UNABHÄNGIGER 4-FELDER-TEST

Es soll untersucht werden, wie erfolgreich verschiedene Studierendengruppen das Sportabzeichen ablegen.

Hat der Studentenstatus einen Einfluss auf das erfolgreiche Ablegen des Deutschen Sportabzeichens?

		Sportabzeichen		
		nicht bestanden	bestanden	Σ
Studenten-status	Studenten	72	58	130
	Sportstudenten	48	137	185
	Σ	120	195	315

H_0: Der Studentenstatus hat keinen Einfluss auf das Bestehen des Sportabzeichens. Verhältnis $\Rightarrow$ a : b = c : d.

H_1: Der Studentenstatus hat einen Einfluss auf das Bestehen des Sportabzeichens. Verhältnis $\Rightarrow$ a : b $\neq$ c : d.

$\alpha = 5\,\%$

$G = 3{,}84$

$$E_{min} = \frac{min(a + c), (b + d) \cdot min(a + b, c + d)}{v} \geq 5 =$$

$$E_{min} = \frac{120 \cdot 130}{315} = 49{,}52$$

$$V = \frac{n \cdot (a \cdot d - b \cdot c)}{(a + b) \cdot (c + d) \cdot (a + c) \cdot (b + d)} = \frac{315 \cdot (72 \cdot 137 - 58 \cdot 48)}{(72 + 58) \cdot (48 + 137) \cdot (72 + 209) \cdot (58 + 48)}$$

$$v = \frac{315 \cdot (9864 - 2784)}{130 \cdot 185 \cdot 120 \cdot 195} = \frac{315 \cdot 7080}{24050 \cdot 23400} = 0{,}004$$

Da V = 0,004 < G = 3,84 kann H_0 nicht widerlegt werden. Es ist davon auszugehen, dass kein Einfluss der beiden Merkmale aufeinander wirkt. Das Verhältnis von Studenten, die das Sportabzeichen bestehen und nicht bestehen ist gleich dem der Gruppe von Sportstudenten.

BEISPIEL 3: CHI^2 -TEST AUF GLEICHVERTEILUNG

Bei 500 englischen Touristen wird nach dem Bekanntheitsgrad verschiedener deutscher Fußballvereine gefragt.

Ist der Bekanntheitsgrad der fünf erfragten Vereine gleich hoch?

Verein	Verhältnis	Beobachtet
Bayern München	1	115
VfB Stuttgart	1	97
Borussia Mönchengladbach	1	76
Hamburger SV	1	114
Borussia Dortmund	1	98

H_0: Alle Vereine sind gleich bekannt. a:b:c:d:e = 1:1:1:1:1

H_1: Die Vereine sind nicht gleich bekannt. Das Verhältnis ist $\neq$ 1:1:1:1:1

α = 5 %

G = 9,49 (5 - 1 FG)

Um V zu ermitteln muss zunächst berechnet werden, wie hoch die Erwartungshäufigkeit bei Gleichverteilung ist. Dazu reicht es, einen Anteil zu berechnen.

Summe:

$$\sum (115 + 97 + 76 + 114 + 98) = 500 \rightarrow \text{Beobachtungshäufigkeit insgesamt}$$

$$\frac{500}{5} = 100 \rightarrow \text{Erwartungshäufigkeit je Verein}$$

$$V = \frac{(115 - 100)^2}{100} + \frac{(97 - 100)^2}{100} + \frac{(76 - 100)^2}{100} + \frac{(114 - 100)^2}{100} + \frac{(98 - 100)^2}{100} =$$

$$\frac{15^2}{100} + \frac{3^2}{100} + \frac{24^2}{100} + \frac{14^2}{100} + \frac{2^2}{100} = 2,25 + 0,09 + 5,76 + 1,96 + 0,04 = 10,1$$

Da V = 10,1 > G = 9,49 gilt H_1 mit p ≤ 5%. Die Vereine sind nicht gleich bekannt.

BEISPIEL 4: CHI^2 -TEST AUF VORGEGEBENE VERTEILUNG

Eine ähnliche Untersuchung wie in Beispiel 3 soll nun mit einem anderen Verhältnis dargestellt werden. Ist das angegebene Verhältnis zutreffend?

Verein	Verhältnis	Beobachtet
Bayern München	4	162
Hamburger SV	3	123
Borussia Mönchengladbach	2	76
VfB Stuttgart	1	36
Borussia Dortmund	1	43

H_0: Das Verhältnis der Vereine entspricht dem angegebenen 4:3:2:1:1

H_1: Das Verhältnis entspricht nicht (ist ≠) dem angegebenen 4:3:2:1:1

α = 5 %

G = 9,49 (5 - 1 FG)

Um V zu ermitteln muss zunächst berechnet werden, wie hoch die Erwartungshäufigkeit bei einem Anteil ist. Danach müssen die Erwartungshäufigkeiten der Mannschaften auf die Anzahl der Anteile hochgerechnet werden.

Summe:

$$\sum (162 + 123 + 76 + 36 + 43) = 440 \rightarrow \text{insgesamt beobachtete Häufigkeiten}$$

$\dfrac{440}{11}$ = 40 → erwartete Häufigkeiten je Anteil je Verein (dieser Anteil muss mit dem erwarteten Verhältnis multipliziert werden, so erhält man die Erwartungshäufigkeit für die vorgegebenen Verhältnisse.

$$V = \frac{(162 - 160)^2}{160} + \frac{(123 - 120)^2}{120} + \frac{(76 - 80)^2}{80} + \frac{(36 - 40)^2}{40} + \frac{(43 - 40)^2}{40} =$$

$$\frac{2^2}{160} + \frac{3^2}{120} + \frac{4^2}{80} + \frac{4^2}{40} + \frac{3^2}{40} = 0,025 + 0,075 + 0,2 + 0,4 + 0,225 = 0,925$$

Da V = 0,925 < G = 9,49 kann das angegebene Verhältnis nicht widerlegt werden.

BEISPIEL 5: STREUUNGSMAßE

In Tabellen sind Standardabweichungen und in Grafiken sind Standardfehler anzugeben. Wie lauten die Streuungsmaße für die nebenstehende Tabelle?

Varianz:

$$s^2 = \frac{1}{n-1}\left(\sum_{i=1}^{n} x_i^2 - \frac{1}{n}\left(\sum_{i=1}^{n} x_i\right)^2\right)$$

$$s^2 = \frac{1}{19}\left(\sum_{i=1}^{n} 1353{,}08 - \frac{1}{20}\left(\sum_{i=1}^{n} 164{,}43\right)^2\right) =$$

$$s^2 = 0{,}05 \cdot (1353{,}08 - \frac{164{,}43}{20}) = 0{,}05 \cdot 1{,}22 = 0{,}06$$

Andere Streuungsmaße werden aus der Varianz errechnet:

Standardabweichung:

$$s = \sqrt{s^2} = \sqrt{0{,}06} = 0{,}24$$

Standardfehler:

$$SE = \frac{s}{\sqrt{n}} = \frac{0{,}24}{4{,}47} = 0{,}05$$

	Weite (x) [m]	x^2
1	8,6	73,89
2	8,5	72,23
3	7,93	62,87
4	8,59	73,8
5	8,31	69,14
6	7,95	63,25
7	8,44	71,26
8	8,41	70,81
9	8,21	67,4
10	8,28	68,53
11	7,93	62,88
12	7,82	61,19
13	8,29	68,66
14	7,81	60,94
15	8,01	64,13
16	8,33	69,43
17	7,93	62,87
18	8,47	71,72
19	8,42	70,83
20	8,2	67,25
Σ	164,43	1353,08

BEISPIEL 6: KOLMOGOROV-SMIRNOV-TEST AUF NORMALVERTEILUNG

Sind die in Klassen eingeteilten Sprungweiten, von je 10 cm Klassenbreite, für die Stichprobe mit $\bar{x}$ = 8,2m und s = 0,25m normalverteilt?

Wert [m]	7,8	7,9	8	8,2	8,3	8,4	8,5	8,6
Beobachtet	2	4	1	4	2	4	2	1
Beobachtungssume	2	6	7	11	13	17	19	20
z-Transformierter Wert	-1,6	-1,2	-0,8	0	0,4	0,8	1,2	1,6
z-Wert aus Tabelle 3	0,05	0,12	0,21	0,50	0,66	0,79	0,88	0,95
Erwartungssumme	1	2,40	4	10	13,2	15,8	17,6	19
Differenzbetrag	1	3,60	3	1	0,2	1,2	1,40	1

Beispielhaft wird die Berechnung des umrahmten Differenzbetrages aufgezeigt:

2 Beobachtungen in der Klasse + 11 Beobachtungen kleinerer Werte = 13

$$\frac{(\bar{x} - x_i)}{s} = \frac{(8,2 - 8,3)}{0,25} = 0,4 \text{ z-Wert aus Tabelle 3 nachschauen} \rightarrow 0,66$$

Erwartungssumme berechnen: z-Wert mit n multiplizieren $0,66 \cdot 20 = 13,2$

Betrag der Beobachtungssumme minus der Erwartungssumme = $|13 - 13,2| = 0,2$

Sofern für jede Klasse durchgeführt, muss nun die größte Differenz zur Berechnung von V gewählt werden. Der Test im Einzelnen:

H_0: Die Stichprobe entstammt einer normalverteilten Grundgesamtheit mit

   $\mu \pm \sigma = 8,2 \pm 0,25.$

H_1: Die Stichprobe entstammt einer nicht normalverteilten Grundgesamtheit.

$\alpha = 5\,\%$

$G = 0,174$

$$V = \frac{3,6}{20} = 0,18$$

Da V = 0,18 > G = 0,174 gilt H_1 mit p $\leq$ 5 % Die Stichprobe ist nicht normalverteilt.

BEISPIEL 7: ABHÄNGIGER T-TEST

Es wird die Konstanz der Wettkampfleistungen von 20 Weitspringern mit internationalem Niveau überprüft. Dabei werden die Bestleistungen zweier aufeinander folgender Jahre 1 (Olympisches Jahr) und 2 (folgende Saison) analysiert. Sind die Leistungen im Olympischen Jahr besser?

Mittlere Differenz berechnen: Versuch 2 von Versuch 1 subtrahieren, addieren aller Ergebnisse und durch n dividieren

$$\rightarrow \overline{d} = \frac{1,07}{20} = 0,05$$

Varianz:

$$s^2 = \frac{1}{19}\left(0,08 - \frac{1}{20}(1,07)^2\right) = 0,0009$$

Standardabweichung:

$$s = \sqrt{s^2} = \sqrt{0,0009} = 0,03$$

Standardfehler:

$$SE = \frac{s}{\sqrt{n}} = \frac{0,03}{4,47} = 0,007$$

$H_0: \mu = 0$

$H_1: \mu < 0$ (einseitig)

$\alpha = 5\%$

$G = 1,73$

$$V = \frac{\overline{d}}{SE} = \frac{0,05}{0,007} = 7,14$$

ID	Jahr 1 [m]	Jahr 2 [m]	di (1-2)	di²
1	8,6	8,58	0,02	0,0004
2	8,5	8,48	0,02	0,0004
3	7,93	7,91	0,02	0,0004
4	8,59	8,5	0,09	0,0081
5	8,31	8,22	0,09	0,0081
6	7,95	7,88	0,07	0,0049
7	8,44	8,44	0	0
8	8,41	8,32	0,09	0,0081
9	8,21	8,15	0,06	0,0036
10	8,28	8,19	0,09	0,0081
11	7,93	7,85	0,08	0,0064
12	7,82	7,76	0,06	0,0036
13	8,29	8,24	0,05	0,0025
14	7,81	7,79	0,02	0,0004
15	8,01	7,99	0,02	0,0004
16	8,33	8,29	0,04	0,0016
17	7,93	7,85	0,08	0,0064
18	8,47	8,41	0,06	0,0036
19	8,42	8,4	0,02	0,0004
20	8,2	8,11	0,09	0,0081
			$\sum$ 1,07	0,08

Da V = 7,14 > G = 1,73 gilt H_1 mit $p \leq 5\%$. Die Bestleistungen beider Jahre sind unterschiedlich. Im Olympischen Jahr wurden signifikant höhere Bestleistungen erzielt als in der folgenden Saison.

BEISPIEL 8: WILCOXON-TEST

Es wird untersucht, ob sich der subjektive Gemützustand vor (Untersuchungszeitpunkt T0) und nach (Untersuchungszeitpunkt T1) einer Trainingsphase voneinander unterscheidet. Hierzu werden Differenzen zwischen T0 und T1 berechnet. Nun müssen Ränge gebildet werden:

Rangbildung erfolgt vom kleinsten zum größten Wert. Bei gleichen Differenzen muss der mittlere Rang vergeben werden. Das Vorzeichen dient nur der Zuordnung der Gruppe.

Hat das Training Einfluss auf den Gemützustand?

H_0: $\mu = 0$

H_1: $\mu > 0$ (einseitig)

$\alpha = 5\ \%$

$G = 21$

$V = 12$

Da $V = 12 < G = 21$ gilt H_1 mit $p \leq 5\%$. Das Training hatte einen Einfluss auf den subjektiven Gemützustand.

	T_0	T_1	d_i $(T_0 - T_1)$	Rang
1	11	9	2	3
2	6	13	-7	-11
3	8	12	-4	-7,5
4	10	12	-2	-3
5	6	11	-5	-9,5
6	9	11	-2	-3
7	13	16	-3	6
8	9	14	-5	-9,5
9	13	11	2	3
10	11	11	0	---
11	7	15	-8	-12
12	7	11	-4	-7,5
13	7	9	-2	-3
14	6	16	-10	-13

R_+	12
R_-	-79
Probe	$\dfrac{n \cdot (n+1)}{2}$

BEISPIEL 9: F-TEST

Der F-Test als Voraussetzungstest untersucht die Varianzen zweier Stichproben auf Gleichheit. Gegeben sind folgende Daten:

Standardabweichung $\rightarrow$ **n**

$s_1 = 1,7$ $s_2 = 2,4$ $\rightarrow$ $n_A = 16$ $n_B = 22$

Sind die Varianzen gleich?

Es sind zwei Standardabweichungen gegeben. Nun müssen die Varianzen durch Potenzierung gebildet werden.

Standardabweichung $\rightarrow$ **Varianz**

$s_1 = 1,7$ $s_2 = 2,4$ $\rightarrow$ $s_1^2 = 2,89$ $s_2^2 = 5,76$

Beachte: Es muss die größere durch die kleinere Varianz geteilt werden, um ein reelles Ergebnis zu erhalten, dass größer 1 sein kann. Teilt man die kleinere durch die größere Varianz, so erhält man immer ein Ergebnis kleiner 1. Vergleicht man dieses mit den Vergleichswerten, so würde man immer auf das Ergebnis gleicher Varianzen kommen. Die Formel lautet also:

$$\frac{s_A^2}{s_B^2}$$
wobei die größere Standardabweichung bzw. Varianz immer als Stichprobe

A gesehen werden muss, gleich welche Stichprobe den größeren Umfang hat.

$H_0: \sigma_A^2 = \sigma_B^2$

$H_1: \sigma_A^2 < \sigma_B^2$

$\alpha = 5\,\%$

$G = 1,92$ (Tabelle 6a)

$$V = \frac{s_A^2}{s_B^2} = \frac{5,76}{2,89} = 1,99$$

Da $V = 1,99 > G = 1,92$ gilt H_1 mit $p \leq 5\%$. Die Varianzen sind ungleich.

BEISPIEL 10: UNABHÄNGIGER T-TEST MIT GLEICHEN VARIANZEN

Es werden zwei Gruppen von jugendlichen Leichtathleten untersucht. Gruppe A ist aus dem Bereich Sprung, Gruppe B aus dem Bereich Wurf. Es werden jeweils die 100m Zeiten [s] getestet. Sind die *Springer* schneller als die *Werfer?*

GEGEBEN SIND:

$\overline{x}_A = 14{,}1$ $s_A^2 = 2{,}25$ $n = 17$

$\overline{x}_B = 15{,}3$ $s_B^2 = 1{,}21$ $n = 19$

$H_0: \mu_A = \mu_B$

$H_1: \mu_A < \mu_B$

$\alpha = 5\ \%$

$G = 1{,}70$

$$V = \sqrt{\frac{n_A \cdot n_B \cdot (n_A + n_B - 2)}{n_A + n_B}} \cdot \frac{|\overline{x}_A - \overline{x}_B|}{\sqrt{(n_A - 1) \cdot s_A^2 + (n_B - 1) \cdot s_B^2}} =$$

$$V = \sqrt{\frac{17 \cdot 19 \cdot (17 + 19 - 2)}{17 + 19}} \cdot \frac{|14{,}1 - 15{,}3|}{\sqrt{(17 - 1) \cdot 2{,}25 + (19 - 1) \cdot 1{,}21}} =$$

$$V = \sqrt{\frac{10336}{36}} \cdot \frac{1{,}2}{\sqrt{57{,}78}} =$$

$$V = \sqrt{287{,}11} \cdot 0{,}16 = 2{,}71$$

Da V = 2,71 > G = 1,7 gilt H_1 mit p ≤ 5%. Die Mittelwerte der Gruppe A sind geringer als die der Gruppe B. Die *Springer* laufen schneller als die *Werfer.*

BEISPIEL 11: UNABHÄNGIGER T-TEST MIT UNGLEICHEN VARIANZEN

Es sollen zwei Gruppen von Sportlern hinsichtlich ihrer 100m Zeiten [s] untersucht werden. Gruppe A ist eine Gruppe aus dem Bereich Leichtathletik. Gruppe B aus dem Bereich Handball. Sind die *Leichtathleten* schneller als die *Mannschaftssportler?*

GEGEBEN SIND:

$\bar{x}_A = 10,4 \qquad s_A^2 = 5,76 \qquad n = 22$

$\bar{x}_B = 11,9 \qquad s_B^2 = 2,89 \qquad n = 24$

$H_0: \mu_A = \mu_B$

$H_1: \mu_A < \mu_B$

$\alpha = 5\,\%$

G = muss berechnet werden, hierfür Hilfsgröße c → FG = 30 (G = 1,70)

$$c = \frac{\dfrac{5,76}{22}}{\dfrac{5,76}{22} + \dfrac{2,89}{24}} = 0,68$$

$$\# FG = \frac{1}{\dfrac{0,68}{21} + \dfrac{(1-0,68)^2}{23}} = \frac{1}{0,03 + 0,004} = 29,4 \sim 30$$

$$V = \frac{|10,4 - 11,9|}{\sqrt{\dfrac{5,76}{22} + \dfrac{2,89}{24}}} = \frac{1,5}{\sqrt{0,38}} = 2,42$$

Da V = 2,42 > G = 1,70 gilt H_1 mit p ≤ 5%. Die Mittelwerte der Gruppe A sind kleiner als die der Gruppe B. Die *Leichtathleten* sind schneller als die *Mannschaftssportler.*

BEISPIEL 12: MANN-WHITNEY-U-TEST

Mit einem Fragebogen zur Erfassung der Teamfähigkeit, der auf Nutzen von subjektiven Ein-
schätzungen basiert, werden zwei Gruppen von
Sportlern hinsichtlich ihrer Teamfähigkeit untersucht. Eine Gruppe *Mannschaftssportler* (M) und
eine Gruppe von *Individualsportlern* (I).

Haben die Mannschaftssportler eine ausgeprägtere
Teamfähigkeit?

H_0: $\mu_A = \mu_B$

H_1: $\mu_A < \mu_B$ (einseitig)

$\alpha = 5\%$

$G = 61$

V: Berechnung über Hilfsgröße U_A, U_B

$$U_A = n_A \cdot n_B + \frac{n_A \cdot (n_A + 1)}{2} - R_A \rightarrow$$

$$U_A = 14 \cdot 14 + \frac{14 \cdot (15)}{2} - 134,5 = 166,5$$

$$U_B = n_A \cdot n_B + \frac{n_B \cdot (n_B + 1)}{2} - R_B \rightarrow$$

$$U_A = 14 \cdot 14 + \frac{14 \cdot (15)}{2} - 271,5 = 29,5$$

ID	(M)	(I)	Rang M	Rang I
1	11	14	15,5	25,5
2	6	13	2	22
3	8	11	7	15,5
4	10	12	12,5	18,5
5	6	16	2	28
6	9	13	9,5	22
7	13	15	22	27
8	9	13	9,5	22
9	13	12	22	18,5
10	11	9	15,5	9,5
11	7	14	5	25,5
12	7	10	5	12,5
13	7	11	5	15,5
14	6	9	2	9,5
	R_M		134,5	
	R_I			271,5

Probe: $U_A + U_B = n_A \cdot n_B \rightarrow$
$166,5 + 29,5 = 14 \cdot 14 = 196 = 196$

$V = 29,5$

Da $V = 29,5 < 61$ gilt H_1 mit $p \leq 5\%$. Gruppe A hat einen geringeren Mittelwert als
Gruppe B. Die *Mannschaftssportler* sind demnach teamfähiger als die *Individual-
sportler.*

BEISPIEL 13: PEARSON'SCHER KORRELATIONSKOEFFIZIENT

Es werden Herzfrequenzen (HF) und Laufleistungen (Lauf) innerhalb von 60 Minuten untersucht. Besteht ein Zusammenhang der beiden Parameter?

Zunächst berechnet man die Kovarianz:

$$s_{x,y} = \frac{1}{13} \cdot (-4543{,}86) = -349{,}53$$

und daraus den Koeffizienten r:

$$r = \frac{-349{,}53}{11{,}54 \cdot 527{,}46} = -0{,}06$$

Die Signifikanzüberprüfung:

$$H_0 : |\rho| = 0$$

$$H_1 : |\rho| > 0$$

$$V = |r| \cdot \sqrt{\frac{n-2}{1-r}} \rightarrow$$

$$V = |-0{,}06| \cdot \sqrt{\frac{12}{1-(-0{,}06)^2}} = 0{,}20$$

	HF [min⁻¹]	Lauf [m]	min⁻¹· m
1	152	11512	1749824
2	167	11409	1905303
3	161	11369	1830409
4	153	11181	1710693
5	166	11881	1972246
6	187	11831	2212397
7	162	10766	1744092
8	186	10980	2042280
9	180	10164	1829520
10	164	10290	1687560
11	156	11532	1798992
12	159	10747	1708773
13	155	10790	1672450
14	170	10848	1844160
Summe	2318	155300	25708699
MW	165,57	11092,86	
s	11,54	527,46	

Da $V = 0{,}20 < G = 1{,}78$ kann H_0 nicht widerlegt werden. Es besteht kein linearer Zusammenhang zwischen Herzfrequenzen und Laufleistungen.

BEISPIEL 14: SPEARMAN'SCHER KORRELATIONSKOEFFIZIENT

Es wird der Zusammenhang von subjektivem Gesamteindruck (Note) auf einer Schulnotenskala und tatsächlichen Fehlern untersucht.

Besteht ein Zusammenhang zwischen Notengebung und tatsächlichen Fehlern?

Zunächst muss hierfür der Korrelationskoeffizient r berechnet werden:

$$r_{SP} = 1 - \frac{6 \cdot \sum d_i{}^2}{n \cdot (n^2 - 1)}$$

$$r_{SP} = 1 - \frac{6 \cdot 237,5}{14 \cdot 195} = 1 - \frac{1425}{2730} = 0,48$$

Die Signifikanzüberprüfung:

H_0: $|\rho| = 0$

H_1: $|\rho| > 0$

$\alpha = 5\,\%$

$G = 0,46$

$V = 0,48$

Da $V = 0,48 > G = 0,46$ gilt H_1 mit $p \leq 5\%$. Es besteht ein signifikanter Zusammenhang zwischen Noten und Fehlern.

	Note	Fehler	Rang A	Rang B	d_i	$d_i{}^2$
1	5	3	14	9,5	4,5	20,25
2	3	2	8,5	6	2,5	6,25
3	3	2	8,5	6	2,5	6,25
4	1	1	1,5	2	-0,5	0,25
5	3	2	8,5	6	2,5	6,25
6	4	3	12,5	9,5	3	9
7	3	4	8,5	12	-3,5	12,25
8	1	2	1,5	6	-4,5	20,25
9	3	4	8,5	12	-3,5	12,25
10	2	4	4	12	-8	64
11	3	5	8,5	14	-5,5	30,25
12	4	2	12,5	6	6,5	42,25
13	2	1	4	2	2	4
14	2	1	4	2	2	4
					$\sum$	237,5

BEISPIEL 15: KONTINGENZKOEFFIZIENT

Es werden die Merkmale Studentenstatus und Familienstand untersucht. Als Ergebnis ihrer Auszählung lässt sich folgende Kreuztabelle darstellen:

	Angestellt	Freiberufler	Selbständig	Σ
Kurzzeitstudenten	67	22	19	108
Langzeitstudenten	35	45	41	121
Σ	102	67	60	229

Besteht ein Zusammenhang zwischen beiden Parametern?

Berechnung von r unter Nutzung von v und a :

$$V = 229 \cdot \left(\frac{67^2}{102 \cdot 108} + \frac{22^2}{67 \cdot 108} + \frac{19^2}{60 \cdot 108} + \frac{35^2}{102 \cdot 121} + \frac{45^2}{67 \cdot 121} + \frac{41^2}{60 \cdot 121} - 1 \right) =$$

$$V = 229 \cdot (0,41 + 0,07 + 0,06 + 0,1 + 0,25 + 0,23 - 1) = 229 \cdot 0,12 = 27,48$$

$a = 2$

$$r = \sqrt{\frac{2 \cdot 27,48}{(229 + 27,48) \cdot (2 - 1)}} = \sqrt{\frac{54,96}{256,48}} = 0,46$$

Signifikanzüberprüfung:

$H_0: |\rho| = 0$

$H_1: |\rho| > 0$

$\alpha = 5\ \%$

$G = 5,99$

$V = 27,48$

Da $V = 27,48 > G = 5,99$ gilt H_1 mit $p \leq 5\%$. Der Korrelationskoeffizient ist signifikant. Es besteht ein signifikanter Zusammenhang zwischen Studentenstatus und Familienstand.

BEISPIEL 16: LINEARE REGRESSION

Es werden die Ergebnisse zweier Laktattests hinsichtlich einer Vorhersage der Werte des Tests 2 aus den Werten des Tests 1 untersucht.

Dazu sind folgende Werte gegeben:

MW L_1 = 9,97 ± 1,06

MW L_2 = 10,09 ± 1,31

Wie lautet die Formel der Regressionsgerade?

ID	Laktat 1 [mmol]	Laktat 2 [mmol]	$L_1 \cdot L_2$
1	8,65	9,72	84,07
2	10,21	11,82	120,63
3	10,84	10,68	115,80
4	8,97	10,59	94,97
5	8,23	11,84	97,40
6	10,66	8,29	88,38
7	9,75	9,04	88,16
8	10,63	11,25	119,61
9	10,31	9,41	97,06
10	11,76	8,66	101,80
11	11,38	8,11	92,24
12	10,20	10,89	111,02
13	9,91	11,14	110,46
14	11,10	8,41	93,36
15	8,33	10,31	85,93
16	9,18	10,00	91,83
17	11,49	11,85	136,25
18	9,37	11,42	107,00
19	9,30	10,24	95,32
20	9,15	8,07	73,86
Σ	199,44	201,74	2005,13

$$s_{x,y} = \frac{1}{19} \cdot \left(2005,13 - \frac{1}{20} \cdot 199,44 \cdot 201,74 \right) =$$

$$s_{x,y} = \frac{1}{19} \cdot (2005,13 - 2011,75) = -0,35$$

$$b_{xy} = \frac{-0,35}{1,06} = -0,33$$

$$a_{xy} = 9,97 - (-0,33) \cdot 10,09 = 13,29$$

$y = -0,33 \cdot \text{Laktat1} + 13,29$ Laktat 2 bei gegebenem Laktat1

BEISPIEL 17: VARIANZANALYSE

Es wird der Einfluss des Faktors Gruppe mit drei Ausprägungen (1 = Studenten, 2 = Sportstudenten, 3 = Hochleistungssportler) auf eine abhängige Variable (Laktatwerte) nach Belastung untersucht.
Besteht ein Einfluss der Gruppe auf das Laktat?

H_0: $\tilde{a}_i = 0$ für alle Gruppen i

H_1: Es existieren zwei Gruppen i, j mit $\tilde{a}_i \neq \tilde{a}_j$

$\alpha = 5\%$

$G = 3,47$

Berechnung der Vergleichsgröße V:

$n_1 = 8$, $n_2 = 8$, $n_3 = 8$

$x_{1.} = 69,53$, $x_{2.} = 86,21$, $x_{3.} = 81,79$, $x_{..} = 237,53$

$$\sum_{i=1}^{3} \frac{x_{i.}}{n_i} = 2369,58, \quad \sum_{i=1}^{k}\sum_{j=1}^{n_i} x_{i,j} = 2425,05$$

$$V = \frac{\dfrac{1}{2} \cdot [2369,58 - \dfrac{237,53^2}{24}]}{\dfrac{1}{21} \cdot [2425,05 - 2369,58]} =$$

$$V = \frac{\dfrac{1}{2} \cdot [18,73]}{\dfrac{1}{21} \cdot [55,47]} = \frac{9,36}{2,64} = 3,55$$

Gruppe	x	x^2
1	8,36	69,97
1	8,06	64,92
1	7,34	53,84
1	9,41	88,59
1	8,50	72,31
1	8,82	77,83
1	11,96	143,01
1	7,07	49,99
2	10,36	107,33
2	10,55	111,21
2	12,67	160,60
2	10,49	110,08
2	11,37	129,24
2	10,18	103,73
2	8,63	74,56
2	11,96	142,94
3	12,42	154,21
3	10,98	120,65
3	10,91	119,07
3	10,48	109,76
3	7,11	50,52
3	11,98	143,41
3	7,12	50,70
3	10,80	116,57
Σ	237,53	2425,05
		x^2 aller Werte

Da V = 3,55 > G = 3,47 gilt H_1 mit $p \leq 5\%$. Die Höhe des Laktats wird von Gruppenzugehörigkeit (und deren Eigenschaften) beeinflusst.

HINWEISE ZUR TESTSAMMLUNG SOWIE ZUR SPSS-HILFE

Diese Hilfestellungen für den interessierten Leser basieren auf der Anwendung von Standardprogrammen des „Microsoft Office Pakets". Dabei werden die verschiedenen statistischen Testverfahren dieses Buches mit Hilfe von „Microsoft Excel" berechnet. Hierbei werden nicht nur die Vergleichswerte und Grenzwerte - wie in diesem Buch – angegeben, die Testsammlung kann Irrtumswahrscheinlichkeiten errechnen, so wie es für wissenschaftliche Arbeiten gebraucht wird.

Auch zur Nutzung professioneller Statistik-Programme, wie beispielsweise „SPSS", sind Hilfestellungen im Rahmen dieses Buches erarbeitet worden (Hinweise für SPSS-Anwender). Hierbei wurde eine Hilfefunktion unter Nutzung des Programms „Microsoft-PowerPoint" entwickelt, die den Umgang mit statistischen Problemen erlauben soll. Dabei können verschiedenste Auswertungen von statistischen Aufgabestellungen nachvollzogen werden.

Um diese Funktionen nutzen zu können sei nochmals erwähnt, dass diese im Learning-Space der Sporthochschule Köln downloadbar sind.

So soll der Leser dieses Buches eine allgemeine Versorgung mit Hilfestellungen und Erklärungen zu statistischen Fragestellungen im Sinne der Sportwissenschaft erhalten. Dabei sei darauf verwiesen, dass hierbei nicht ein Lehrbuch, sondern ein Handbuch mit hilfreichen Anmerkungen entstehen sollte.